U0377635

雲間拾遺

上海松江乡村传统民居篇

上海市松江区档案局
上海市松江区档案馆　主编
夏逸民　夏筱俊　著

東華大學出版社
·上海·

图书在版编目（CIP）数据

云间拾遗．上海松江乡村传统民居篇 / 上海市松江区档案局，上海市松江区档案馆主编；夏逸民，夏筱俊著．-- 上海：东华大学出版社，2024. 10.-- ISBN 978-7-5669-2448-3

Ⅰ．TU241.4

中国国家版本馆 CIP 数据核字第 20249SS977 号

策划编辑：周慧慧
责任编辑：周慧慧　边　畅
书籍设计：上海雅昌艺术印刷有限公司
封面题字：吴德其

云间拾遗·上海松江乡村传统民居篇

YUNJIAN SHIYI · SHANGHAI SONGJIANG XIANGCUN CHUANTONG MINJU PIAN

上海市松江区档案局 上海市松江区档案馆 主编 夏逸民 夏筱俊 著

出　　版：东华大学出版社（地址：上海市延安西路 1882 号邮编：200051）
出版社网址：dhupress.dhu.edu.cn
出版社邮箱：dhupress@dhu.edu.cn
销售中心：021-62193056　62373056　62379558
印　　刷：上海雅昌艺术印刷有限公司
开　　本：889mm × 1194mm　1/16
印　　张：16.5
字　　数：478 千字
版　　次：2024 年 10 月第 1 版
印　　次：2024 年 10 月第 1 次
书　　号：SBN 978-7-5669-2448-3
定　　价：480.00 元

序

在上海的郊野乡村空间内，散布着形态各异的村落，呈现出自然生态与江南风情融合的风貌，这些乡村里遗存着很多古民居，它们书写了人文历史，记录着乡村风貌，经历时代变迁仍熠熠生辉。被誉为“上海之根”的松江，自然以其独特的韵味与深厚的文化底蕴，成为上海历史文化发展中的璀璨明珠。回顾松江的千年历史，见证其厚重历史文化的，不仅有秀丽的自然风光与丰富的历史遗迹，还有那些散落在乡间、承载着世代记忆的传统民居。这些民居不仅是居住的空间，更是松江乡村历史文化的活化石，记录着这片土地上的风雨沧桑和人间烟火，是一部部有温度、可以阅读的活的年代史。

松江的传统村落，处于冈身以西、成陆最早，这奠定了其人烟阜盛的基础，使其承继了传统江南匠作体系的特质。而松江乡村的传统民居，则以其独特的建筑风格与布局，展现了江南水乡的特有韵味，尤其是四面坡的庑殿顶民宅“落厍屋”，更是民居中的特殊存在。这些民居错落有致，与周围的自然环境和谐共生，有的古朴典雅，透露出岁月的沉静与安详；有的则简约而不失精致，展现出农家生活的质朴与纯真。每一砖一瓦，每一梁一柱，都蕴含着匠人的智慧与汗水，诉说着过往的故事。早在20世纪80年代，松江文化馆的唐西林、徐桂林两位老师就率先发现了这些古建筑的美，通过《松江老宅》《回影无声》等书籍，为我们展现了老松江之美。

随着现代生活方式的发展，松江乡村的传统民居也遭遇到前所未有的挑战。城市化进程的加速，使得大片乡村和集镇逐渐消失，大量民居被拆除，原住民纷纷离开故土。很多曾经承载着家族记忆与乡村文化的老宅，如今只能在记忆中寻找踪迹。这不禁让人感叹，时代的车轮滚滚向前，而那些珍贵的文化遗产，却在不经意间悄然消逝，我们能做的，一是尽量让其能够更久远地伫立于这片土地，二是留下尽可能多的影像文字资料，让后世仍有历史印记可以回味。

正是基于这样的背景，上海市松江区档案局和档案馆编纂了本书，其中大量资料来自夏逸民、夏筱俊这两位民间古建筑爱好者的记录与拍摄，他们希望通过努力，让更多人了解松江乡村的历史与文化，感受那些传统民居的独特魅力，同时也希望能够唤起社会各界对本土文化保护的重视与关注，共同为守护这些宝贵的文化遗产贡献力量。

本书不仅详细介绍了松江乡村的特色民居，包括建筑风格、民俗文化以及现状保护等情况，还记录了松江的传统村落保护情况，一定程度上弥补了当代松江这些古村落与建筑遗产的空白。在上海加快建设国际大都市、创造性探索郊野乡村的文化的当下，体现了上海民居建筑独特风格的松江民居与古村落，也正在这场探索中成为文化共鸣的风景。

希望本书的出版，不仅能够激发更多人对中华优秀传统文化的兴趣与热爱，促进文化遗产的传承与发展，同时，也期待它能够成为连接过去与未来的桥梁，让更多的人在了解历史的同时，也可以见证古建民居等乡土文化的再度鲜活，并为中国未来的文化传承与发展贡献自己的智慧与力量。

上海交通大学遗产保护国际研究中心主任

目 录

第壹章

综述篇

上海松江乡村传统民居概述

一、松江乡村传统民居落厍屋的名称及起源

1. 何为落厍屋

松江的典型乡村传统民居是落厍屋，在现存的乡村传统民居中占比达到三分之二。落厍屋是上海松江区、青浦区、金山区、奉贤区及浙江嘉兴平湖一带常见的一种老式农民住宅，它最主要的特征就是庑殿式大屋顶，整个屋面由四个坡面组成，形成了一条两端微微上翘的主脊和四条垂脊（图 1）。对照中国古建筑屋顶式样就是最高等级，在古代只有最高等级的建筑物才可以使用庑殿顶，如故宫等宫殿建筑和高等级的庙宇殿堂建筑。20 世纪 80 年代由同济大学冯纪忠先生设计的松江方塔园“何陋轩”（图 2）便是以“落厍屋”为创作原型创作的，但在设计中设计师又以现代建筑方式进行表达，二者结合使“何陋轩”成为超越时代的经典。

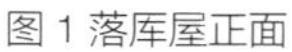
图 1 落厍屋正面

图 2 方塔园何陋轩

因地域不同，落厍屋的称谓也五花八门，有“落厍屋”“落舍屋”“落舍房”“四戗屋”“六戗屋”“四落戗”“四六撑”“落戗屋”“四落檐”“四落舍”和“孝娘屋”等多种称谓。不同称谓都有一定的道理，没有一个定论。本书采纳了上海市规划与自然资源局主持编写的《上海乡村传统建筑元素》一书中对这类建筑的名称：落厍屋。

在东南沿海地区，因为夏季多暴雨台风，乡民以草结庐，屋顶参照庑殿顶做成流线型，减小阻力以抗强风，并有利于屋顶雨水顺势流下，称之为“落舍”，古代汉语中“厍”同“舍”，“落厍屋”“落舍屋”或“落舍房”的名字就是这么来的。从外观看，落厍屋的正脊两端各有一只戗角，大屋顶的四条垂脊处也各有一只戗角，共有四只戗角，加上正脊上的两个，总共有六个戗角，所以被称为“四戗屋”“六戗屋”或“四落戗”（图 3、图 4）。

图 3 落厍屋屋顶垂脊

图 4 高翘的戗角

因为落厍屋的大屋顶前后左右共有四个斜坡，形成了四个屋檐，所以又被称为“四落檐”“四落叶”“四落厍”或“四落舍”。大多数落厍屋正间前面比次间向里缩进一路来设置大门，这一区域本地人称为廊屋（图 5）。这样做既保护了木质大门不受雨水侵扰，也减少了太阳的曝晒。因为廊屋遮风挡雨，家中老人冬天可以在此孵太阳，夏天乘风凉，也可以做家务，闲时聊天，这就是这类建筑其中一个称谓——“孝娘屋”名称的由来。

图 5 廊屋

落厍屋最显著的特点就是庑殿顶式大屋顶，也是整个建筑最引人注目的部分，正脊弯曲，两端起翘，如大鹏展翅，为厚重笨拙的屋顶增加了轻盈灵动之感，让大屋顶变得雄浑而飘逸。落厍屋的屋顶被一条正脊和四条垂脊分隔成坡度较缓的四个坡面，使得屋面排水更流畅。落厍屋屋面硕大，内部空间宽敞，提供了冬暖夏凉居住环境。落厍屋屋顶微微凹形曲面让整个建筑的线条也变得更为优美、柔和，还可以减小风的阻力，也让雨水在檐口流动更快更远，减少了风吹后的雨水倒流，从而保护了檐下的椽子和檐柱及外墙。落厍屋屋顶凹形曲面也使得屋面获得了张力，其意义相当于现代钢筋混凝土中的预应力，这个张力让整个屋架的刚度变得更好，加上檐口高度很低，增强了建筑的抗风能力。松江乡村许多百年老宅之所以能经历无数次台风和暴雨的洗礼正是得益于落厍屋大屋顶的优点。

中国古建筑结构的三大基本要素为：台基、木构架、屋顶。当我们判断一幢房子是否是古建筑时，首先就是看它的屋顶式样。屋顶是我国传统建筑整体外观上最富特色的部分。我国传统建筑的屋顶形式有很多种类，其中庑殿式屋顶是中国古代建筑中等级最高的屋顶形式。庑殿顶是北方叫法，宋朝时称为“五脊殿”或“吴殿”，清朝时称为“四阿殿”，江南地区称为“四合舍”。松江乡村传统民居落厍屋就采用了这种屋顶形式。庑殿式屋顶有一条正脊和四条垂脊，屋顶前后左右四面都有斜坡，非常特别。沿屋面转折处或者屋面与墙面、梁架相交处用瓦、砖、灰等材料砌成的砌筑物称为“屋脊”。屋脊起着防水和装饰的作用。落厍屋前后的坡屋面相交线作成的屋脊称为正脊。除了正脊之外的朝向东南、东北、西南、西北方向的屋脊都叫“垂脊”。

2. 落厍屋的由来

关于落厍屋的由来，笔者认为其是从明朝末期开始出现的。中国古代建筑等级制度森严，按照人的社会地位来规定各种建筑物的式样和规模，皇帝、亲王和贵族阶层的建筑，朝廷官员和地方官员的建筑，平民百姓的建筑等，都有着严格的等级区分，不能僭越。建筑等级制度被列人朝廷的法典之中，违者不仅是违礼，而且还是犯法，不但房子被拆，人还要坐牢，重者可招致杀身之祸。明朝末年内忧外患，政府对地方的掌控力也随之减弱，越是偏僻的农村，地方政府的监管越薄弱，所以落厍屋都分布在松江交通相对不发达的乡村地区，在松江老城没有发现。在地方上，有政治地位的人家还是遵循着传统的建筑等级制度，一般不建造庑殿顶的落厍屋。笔者通过实地的寻访，现存的百余处落厍屋里居住的都是寻常百姓，落厍屋是真正的农民住宅。

在现存的落厍屋寻访中，笔者未发现房龄超过两百年的老房子。现存落厍屋大多数是新中国成立前建造的，笔者走访了解到松江现存落厍屋中最老的是石湖荡镇新姚村新村 456 号陈宅（图 6），根据房东阿婆的介绍，老宅大概有一百七十年的历史。

新中国成立后，松江地区建造的落厍屋明显减少，但直到 20 世纪 70 年代，松江乡村普遍开始建造楼房，自此落厍屋被时代所淘汰。笔者所看到的最年轻的落厍屋是叶榭镇同建村铁塔北俞宅（图 7）。

图 6 新姚村新村 456 号陈宅

图 7 叶榭镇同建村铁塔北俞宅

二、落厍屋的形制

松江的落厍屋一般坐北朝南，屋前有打谷场，屋后置竹园或菜园。大屋规模不一，有三开间、五开间、七开间，但以三开间居多，进深有五路、七路、九路。松江乡村现存的落厍屋保存状况良好的总共有二十余处。以下以松江乡村现存的几处典型的传统民居为例。

1. 单埭头落厍屋

单埭头落厍屋典型建筑，平面呈长方形，是传统住宅最基本的类型，数量也最多，在布局上绝大多数坐北朝南，大门都开设在南侧，南窗大北窗小，这样能接收更多的阳光照射和避开北方寒流的侵袭。现存落厍屋绝大多数为单埭，三开间，少数为五开间。

典型住宅：叶榭镇同建村铁塔 655 号俞宅（图 8）。此宅坐北朝南，面阔三间，砖木结构平房，单埭头落厍屋形制，庑殿顶，刺毛脊，小青瓦屋面。客堂七路，二十豁。

图 8 叶榭镇同建村铁塔 655 号俞宅

2. 三合院式落厍屋

单埭头落厍屋可以和两侧厢房组成三合院，这也是松江农村地区常见的一种住宅形式，由于其两侧厢房位于大屋北侧，平面造型犹如汉字的“凹”字。这样的三合院，以前埭正间为中心，左右规整对称。

典型住宅：石湖荡镇新源五村古场 146 号老宅（图 9）。此宅南向，正屋面阔三间，东西厢房各两间。前埭正屋为庑殿顶，东西厢房为硬山顶，设置观音兜式马头墙。前埭正屋为穿斗式梁架，客堂间有七路梁木二十发椽子。厢房为抬梁式与穿斗式组合梁架，加大了使用空间，有五路梁木。

3. 四合院式落厍屋

前后两埭的落厍屋加上两侧厢房就组成一个独特的江南院落式民居。南北两埭的正房进深较大、屋脊略高，东西厢房的进深较小、屋脊略低。这种四合院是农村家境殷实的大户所建，其房屋的规模相对较大。前埭和后埭以及两侧厢房围合成庭心，作为采光和排水用。在江南民居四合院中，因为屋顶内侧坡的雨水从四面流入天井，寓意水聚天心，称“四水归堂”。前埭的正间一般称作“前客堂”“前头屋”或“墙门间”。后埭高于前埭，寓“后发”之意，少数富裕人家在前埭正间朝向庭心设置“仪门”（后进正门）。落厍屋四合院平面紧凑，庭心四周皆布置有功能用房。墙门间、庭心为公共空间，其余用房皆可独立使用，适合一个大家庭居住。其屋架承重体系以穿斗式为主，而在正房与厢房相交的四个转角处，使用的四十五度转向的承重梁架，为穿斗与抬梁混合形态。

典型住宅：石湖荡镇张庄村金宅（图 10）。现在松江乡村遗存的四合院式落厍屋数量很少，整体完整保存较好的四合院只有一套，即位于石湖荡镇张庄村的金宅。此宅南向，面阔三间，前后两埭，与东西厢房围合成四合院，前埭正间朝向后埭方向设有“仪门”，前后埭都为庑殿顶，东西厢房为硬山顶，设置观音兜式马头墙，前后埭的次间为了采光和通风都设有小庭心，本地称为“房庭心”。

图 9 石湖荡镇新源五村古场 146 号老宅

图 10 石湖荡镇张庄村金宅

三、松江乡村传统民居的建造特点与装饰细节

松江乡村传统民居具有以下特点：1. 规模较大，有一些完整以及较完整的落厍屋存在。现存松江落厍屋不乏规模大、较完整的存在，如张庄村金宅、泖新村钱宅、周家浜村范宅等。此外，还有较少见的农村楼房及规模较大的硬山头房屋。2. 装饰物较多。在笔者探访到的上海西部各区现存的落厍屋中，要数松江落厍屋的装饰最为多且精美，其最典型的特征就是仪门与房屋内部的木雕装饰。3. 客堂间内有一定的砖头地坪的出现。大部分落厍屋客堂内部均为泥地皮，但是在松江的落厍屋中有一定数量的方砖或小青砖铺设，这在别的有落厍屋分布的各区中较少见。

关于松江乡村传统民居的装饰细节，本书以仪门、庭心、室内装饰以及木雕为例进行讲解。

1. 仪门

俗称墙门，装饰精美。极少数前后埭落厍屋会有仪门，且均位于前埭之后。仪门，即礼仪之门，为江南民居中最精致、最具美感的部分之一，通常殷实富足人家才有实力造得起仪门，上有一些装饰和题额等，反映了造宅主人对美好生活的向往以及对后代的殷切期望。仪门头是相对独立的小型门头建筑，一般来说，正面向北。其从下到上由三部分组成：第一部分是最底下的仪门，有两扇大门，从里面上门后，可隔断前进房子和后进房子通道，外面的人无法进入；第二

图 11 “泖滨毓秀”仪门

部分是门头，即仪门上的装饰部分，也是门头的精华所在；第三部分即仪门头顶部的单披式屋面，也有两边向上起翘的屋脊。客人拜访居住在绞圈房子的主人，客人从墙门间进去，这是拜客的过渡阶段，可以整理衣冠，或稍作停留，等进入仪门穿过庭心就到正式会客的客堂了。客堂是接待客人的正式场所，仪门自然是迎送宾客的地方，是“礼仪之门”。在松江农村，客人拜访主人，从前头屋进入，穿过仪门、庭心与主人相会。

仪门装饰通常从上至下分别为：上枋，通常置较为简单的装饰；题额，有些为名人题写，多体现出主人的家风家训；兜肚，位于题额两侧，考究的多做各类砖雕、捏作戏曲人物故事；下枋，通常与上枋一样，置一些装饰。这些装饰大都体现了主人对美好生活的向往。

在广袤的松江乡村，现存仪门共六处，其中有三处的题额清晰可见，在这之中，又以“职思其居”仪门最为精致，现介绍这六处仪门：

（1）“泖滨毓秀”仪门

在石湖荡镇张庄村（原属李塔汇镇），有一幢全上海最为完整的前后埭落厍屋。有年头的老宅内矗立着一座较为原生态的仪门，它是现存为数不多完整的落厍屋仪门之一（图 11）。

该仪门正脊为混筒二线哺鸡脊，其两边哺鸡已基本损坏，露出了内置的铁条。下枋有“方胜如意”纹装饰，题额上书黑色“泖滨毓秀”字体，从其字面上看，有着鲜明的地域特性（图 12）。

图 12 题额特写

图 13“竹苞松茂”仪门

图 14 刻有仙鹤灵芝的石雕

（2）“竹苞松茂”仪门

在石湖荡镇新源村五村，有一幢残存的落厍屋，此房原为前后埭形制，现仅存一间半。然而，其后部的仪门却大致完好地坐东朝西，屹立在原地（图 13）。

题额上清晰地雕刻着“竹苞松茂”四字，下有类似挂牌匾的托机。除题额外，其仪门的各个部件均未见装饰，或许其原貌就是如此。仪门内部有门当，刻有仙鹤灵芝石雕，意为“仙芝鹤寿”（图 14）。

“竹苞松茂”，出自《诗经·小雅·斯干》：“如竹苞矣，如松茂矣。”“苞”有茂盛之意，为松竹繁茂，比喻家门兴盛，也用于祝人新屋落成。可见在建造此宅时，主人用此四字来祝贺新屋落成，也期盼着家门兴盛。

（3）“职思其居”仪门

在松江原五厍镇茹塘村，有一幢其貌不扬的落厍屋，仅剩两间的老宅背后却是一座不是很完整却异常精美的砖雕仪门（图 15）。

该仪门为规格最高的牌科仪门，檐下设仿木结构的重椽及“一斗六升”的斗拱，牌科之间的垫拱板有“寿”字纹雕刻，下部挂落基本已毁。或许遭到了破坏，其上枋与两侧兜肚上的砖雕人物均受到了不同程度的毁坏。上枋右端有花卉纹饰，旁边原为七块古代人物主题的砖雕，现存五块，依稀辨认出三块：天官赐福（右一）、麒麟送子（右二）、郭子仪拜寿（右四）；左边第二块砖雕可以看出一个人物手捧官靴，或意寓为“加官进爵”。题额为隶书“职思其居”，“居”字左边刻有小字“友三朱源”。左肚兜砖雕或为“定军山黄忠斩夏侯渊”，右肚兜上的人物基本已毁，未能辨识。其下枋有两层，上层有两组“凤穿牡丹”砖雕，下层原有“双狮戏球”雕，现存其一。两侧勒脚有“寿”字雕刻，一处青石门当保存完好，刻有门神、花卉、如意、祥云、灵芝等，寓意吉祥如意（图 16）。

“友三朱源”，笔者理解为此仪门题额为朱源题，可能其字或者号友三。笔者查阅了“松江县卷”以及“南汇县卷”（朱源其名曾在 1992 年出版的《南汇县志》中出现，但仅出现其名，未见介绍），仅在网络上搜到寥寥数条对朱源介绍：“朱源 [清] 字原长，秀水（今浙江嘉兴）诸生。入太学议叙，授如皋县掘港场主簿。精摹晋唐帖，善仿书。

尝缩临兰亭、圣教序如蝇头样，丰神逼肖”。此外，笔者检索到 2014 年 6 月 16 日的一则新闻：《朱德天向上海市松江区博物馆捐赠文物》，其中捐赠的文物里就有清代朱源隶书八言联，结合“职思其居”四字也为隶书，可知仪门题字与八言联隶书或为同一人。综上所述，笔者认为有两种可能：一是仪门题字的朱源字或号友三，为当地华亭县与娄县小有名气的书法家，善写隶书；二是秀水朱源为此屋主宋氏书写仪门题额。

“职思其居”出自《诗经·唐风·蟋蟀》：“无已大康，职思其居。”意为时光如梭，在其位就要谋其事，尽职尽责。也许此宅主人宋氏为官，用这四字提醒自己在其位谋其事（图 17）。

2023 年笔者实地考察时发现该仪门的字碑“职”字已消失不见（图 18）。

图 15“职思其居”仪门

图 16 仪门上的砖雕

图 17 题额特写

图 18 消失的“职”字

（4）陆宅仪门

在洙桥村，星星点点分布着一些百年老宅，保留有大大小小十几幢或完整或不完整的具有本土特色的传统民居遗存。此外，还有一树龄超300年的银杏树，很难想象在如此现代化的上海，还保留着这样一个“古村落”。

陆宅仪门位于洙桥八队一幢已不完整的落厍屋之前埭背后，面朝北（图19）。

仪门单檐硬山，牌科式，等级较高，檐下设仿木结构重椽，斗拱大部已毁，其之间的垫拱板原有回字纹图案，现基本已无。其上枋、左兜、右兜、下枋原均有雕刻，现均已毁，不见其样貌。原题额也已被纸筋石灰糊住，不见题刻。

门框下部南边两侧嵌有青石门当一对，雕刻有象征美好寓意的各式纹饰等。东边门框两侧门当均刻有“须弥座、海马、鹿回头、鱼上树”，门框的另一侧为“聚宝盆”等，寓意“俸禄来家，年年有余”；西侧门框两侧门当刻有“须弥座、海马、麒麟送子”，门框的另一侧为“聚宝盆、元宝、铜钱”，寓意“多子多福，财富合聚”（图20）。

在国家大力推进“美丽乡村”建设的背景下，洙桥村被评为2022年度上海市美丽乡村示范村，而陆氏仪门不失为“美丽洙桥”最美的“古景”之一。

图19 陆宅仪门

图20 西侧门当雕刻

（5）朱家仪门

在原李塔汇镇的金胜村（原长胜村）范围内，现存着一座不起眼的朱家宅院，而该宅的背后，还“隐匿”着一个仪门，该仪门下部已砌上砼制墙面，但仍可从部分构件中窥探出该宅原来的“大户人家”身份（图21）。

此仪门为仅次于牌科仪门的衣架锦式，单檐硬山，混筒脊，正中留存有捏作“寿”字。上枋为抹灰饰面，原有字碑、兜肚均被水泥抹平，无法窥探其真容，而在其门框下部，还嵌有青石制门当，可见其花卉、“瓶升三戟”的石雕（图22）。

据当地村民介绍，该宅建于百年前，朱氏为当地一大户人家，原有带仪门的老宅两幢，还建有祠堂一座。岁月流逝，祠堂及大部分老宅均已无迹可寻，现仅能从残存的房舍中看出朱家往日的辉煌。

图21 朱家仪门

图22 刻有花卉、“瓶升三戟”的石雕

（6）陈家仪门

在石湖荡镇的新姚村，至今还留着一座陈姓人家的落厍屋，原宅为前后埭，现后埭已拆除，从庭心中可见前埭背后还保留了一座较为简易的仪门头（图 23）。

图 23 陈家仪门

这座仪门的屋脊已无，从裸露的青砖可看出老屋往日具有一定规模，字碑、兜肚也均不存，下枋、勒脚也均为素面，而其一对门枕石则保留着，雕刻有石兽。

据陈氏后人介绍，老屋建于清代，距今已有一百七八十年的历史，原是前后埭落厍屋，后因住房条件改善，拆除后埭老屋，翻建新宅。

2. 庭心铺地

大部分前后埭或一埭两龙腰的落厍屋和硬山头有庭心铺地，古人通过仄砖侧铺的形式，塑造出了“回字纹”“席纹”等，极为美观。一些大户人家财大气粗，则用青石、花岗石作为铺地，但较为罕见。

松江乡村尚有张庄村金宅、王宅，泖新村钱宅、陈宅，南三村张宅，兴旺村潘宅，泖桥村沈宅、陆宅等近二十处庭心铺地留存至今（图 24）。

图 24 庭心铺地

3. 室内装饰

松江乡村传统民居室内装饰较为简洁，但仍是落厍屋分布区域中装饰最多的一个区，其最普遍的，几乎每幢古宅都有的，即梁下托木（机头）雕花，较普通的为箭头形状，考究的有卷草纹、花卉等（图 25）。

图 25 机头雕花合集

一些落厍屋的大门门框上，有一个类似于“雀替”的部件，其部件名称尚未打听出，部件上或多或少会有一些雕刻存在，简单的有宝剑、铜钱、如意等，做法考究的则有卷草、花卉、花篮等雕刻。像洙桥村沈宅，此构件就做得较为精细。此构件也是落厍屋民居的特色之一（图 26）。

极少数落厍屋在门楹上有一定的雕刻，有铜钱、如意、卷草、花卉等。

一些农村古建筑的正梁中有蜂窠装饰，但均较简略，大都为方胜纹铜条，也有用铜钱插入正梁的，仅江秋村虞宅有“寿”字纹图案（图 27）。

少数农村老宅有骆驼川，且基本上集中在前后埭落厍屋的后埭，一些骆驼川上刻有一些线条，考究的则有卷草、花卉等。这其中不乏“官翅帽”（枫栱）“山雾云”以及坐斗的出现（图 28）。此外一些后埭客堂间有云头构件，基本上雕刻花卉图案，极少刻有古代人物故事。

有三幢农村民居设翻轩，其轩梁、轩梁夹底、荷包梁上均有雕刻，较普通的为卷草、花卉纹饰，考究的则为古代戏曲人物。几幢规模较大的落厍屋的后埭设有栏杆，栏杆中央的芯子格式大多结合了“卍”字和“寿”字的元素，一般称作“万字格”，并雕有栏杆花结。

图 26 沈宅雕刻

图 27 江秋村虞宅正梁“寿”字纹图案

图 28 洙桥村沈宅有官翅帽、山雾云、坐斗、骆驼川

上述拥有这些构件的较完整老宅，为张庄村金宅（大骆驼川、云头雕刻、山雾云）、古松村柴宅（骆驼川、门框雕刻、山雾云）、泱桥村沈宅（骆驼川、山雾云、栏杆、官翅帽）、南三村张宅（翻轩、大骆驼川）、兴旺村张宅（翻轩、云头、荷包梁均为人物雕刻，门框雕刻、大骆驼川、山雾云、官翅帽等）。

较少数前后埭落厍屋有落地长窗，偶有蠡壳窗（又称“蛎壳窗”）的构件残存（图 29、图 30）。

岛馆，通常位于后埭内部，周家浜村范宅岛馆内部的墙壁上有“卷草纹”描边（图 31）。

图 29 东三村一老宅残存的落地雕花窗

图 30 南三村张宅残存的蠡壳窗

图 31 岛馆内部墙壁上的描边

4. 人物雕刻

就松江及周边地区的传统民居而言，除少量的在能经风雨的地方，如仪门框和照壁位置有记事石刻和砖雕之外，从檐口到厅堂，但凡室内的构件上则普遍是木雕工艺。这首先取决于木材较易雕刻的特点，并可结合构件所处位置，巧妙构思、合理布局，视其长短、高矮、宽窄、大小而因地制宜，展示相应内容。正因如此，才有“无雕不成楼，有雕斯为贵”的赞誉。

雕刻艺人们极尽个人所能，在各个构件上留下精湛的木雕工艺，内容十分丰富。历史典故、神话传说、灵异瑞兽、戏曲故事、山水人物、吉祥图案、琴棋书画、文房四宝、花卉果品等，都可作为雕刻题材。

地处上海西部的松江地区，在城区和一些集镇的古宅中，有着极为丰富的木雕古建筑存在，如中山西路的杜宅，以其丰富的木雕、精美的图案，被誉为“杜氏雕花楼”；醉白池内的原张东海后裔建造的古宅，其门厅梁枋上密布百花及人物浮雕，被称为“雕花厅”。而在松江广大乡村的传统民居，其内部的雕刻与城区和集镇相比，则大为不同。其内部木结构大都为素面，仅在机头或者门框托木上有一些简单的箭头、花卉等雕刻。这些木雕虽不像浦东乡村传统民居内部那么丰富，也不像崇明老房子的前后门楹上有一定雕刻，但在一些规模较大、建造主人品位较高的前后埭落厍屋和硬山头房子内部，仍可以看见一些木雕的存在。但比起有落厍屋分布的青浦区、金山区、奉贤区等地，松江乡村木雕则更为丰富。一些规格较高的传统民居，若是有骆驼川、看枋、翻轩、山雾云、枫栱、荷包梁或栏杆等，其构件上均有一定的木雕纹饰出现。而这些木雕内容，大都为线条或卷草、花卉纹饰，出现人物雕刻则极为稀少。这些栩栩如生的古代人物，无不体现了当时的艺术水平和“工匠精神”。从拥有木雕人物装饰的传统民居的分布来看，其主要集中在松江西南部的小昆山镇、石湖荡镇和泖港镇，共 6 幢，其中落库屋形制 2 幢，硬山头 3 幢，歇山顶房子 1 幢。现记录如下。

（1）文王访贤（图 32）

此木雕位于松江泖新村一幢老宅第一路的平川，周文王（左二）欲兴周灭商而外出寻访贤能，在渭水之滨访到了姜太公（最右垂钓者），便拜姜太公为军师。此木雕也可看出“姜太公钓鱼，愿者上钩”这句话的涵义，而“上钩者”即为周文王，后来姜太公为回报周文王知遇之恩，扶保周朝太平盛世。

图 32 文王访贤

（2）状元及第（图 33）

此木雕位于松江兴旺村张宅的东西轩梁夹底构件之上，描绘了一幅高中状元回家传喜报的景象。一行人有的举着“状元”和“及第”木牌，有的敲着锣，有的护送着高中状元的骑马人，他们风光无限地走过状元坊，向状元家人宣读其高中状元的景象。

图 33 状元及第

（3）葭萌关张飞夜战马超（图 34）

此木雕在松江兴旺村张宅东侧轩梁上。左边骑马的张飞从城内杀出，手持丈八蛇矛，不带盔甲，仅披头巾，冲向马超。右边的马超不甘示弱，头戴盔甲，身披铠甲，全副武装，手握长枪，拍马即到。两边的小兵分别拿着代表着两位将军的“张”“马”将旗，另外两个则举着灯照明，一副“挑灯夜战”的景象。

图 34 葭萌关张飞夜战马超

（4）潼关之战曹操割须弃袍，幸得曹洪救驾（图 35）

此木雕在松江兴旺村张宅西侧轩梁上。左边曹操骑着马狼狈不堪地在逃跑，正准备丢弃战袍，右边的马超为报杀父之仇，手提长枪杀来，中间的曹洪挥舞着长刀，从山坡上冲下来，挡住马超，救曹操于危急之中。

图 35 潼关之战曹操割须弃袍，幸得曹洪救驾

（5）八仙过海（图 36）

此木雕在松江兴旺村张宅的云头、荷包梁之上，现清晰可见三幅，为八仙中的韩湘子、何仙姑、蓝采和、汉钟离、张果老、曹国舅。东侧荷包梁被纸筋石灰覆盖，里面应为吕洞宾和铁拐李。这组木雕描绘出八仙过海的景象，相传白云仙长有回于牡丹盛开之时，邀请八仙共襄盛举，回程时铁拐李建议不搭船而各自想办法，八位神仙都拿出了各自的看家本领，各显神通，渡过东海。

（6）长亭送别（图 37）

此木雕位于松江石湖荡镇新源村曹宅东侧轩梁上，雕刻有古代戏曲《西厢记》之“长亭送别”的景象。崔夫人以“三辈儿不招白衣婿”为由，要张生立即赴京应考。十里长亭，莺莺与张生两情依依，伤感离别。

（7）张生逾墙（图 38）

此木雕在松江石湖荡镇新源村曹宅西侧轩梁上，有古代戏曲《西厢记》之“张生逾墙会莺莺”的木雕。张生（左一）月夜跳粉墙，在红娘（中间人物）的带领下，私会莺莺（右一）。莺莺却碍于千金颜面，责怪张生无礼，于是好事弄巧成拙。

（8）折桂、致仕（图 39）

此木雕在松江石湖荡镇新源村曹宅翻轩的两边荷包梁上，雕刻有折桂、致仕的画面，这体现出了古代上好人家人生的两个时刻。东边的人物手执折断的桂花，右边的小人手拿桂花扇，意为“折桂”，古代多指高中进士，夺冠登科；西边人物身着官服，旁边的随从手持象征地位的华盖伞，告老还乡，为“致仕”，意为“退而致仕”，交还官职，辞官之后，告老还乡。

图 36 八仙过海

图 37 长亭送别

图 38 张生逾墙

图 39 折桂、致仕

（9）郭子仪拜寿（图 40）

此木雕在松江兴旺村潘宅后枋东部，有着已经被凿去“面部”的人物雕刻，初步辨识为“郭子仪拜寿图”。此雕刻描绘出在郭子仪七十大寿之时，郭子仪夫妇端坐正中，七子八婿身着官袍，跪拜堂前，为双老庆寿的场景，意寓为国立功，受民爱戴，和德行德能、子孝父荣的祥和大家庭景象。这个人物故事在上海地区的古代雕刻中较为常见，农村地区以浦东为多，但在上海西南部农村木雕较少的情况下，非常少见。

图 40 郭子仪拜寿

（10）天官赐福（图 41）

松江兴旺村潘宅的后枋西边，与东边一样，人物头像在特殊年代被凿去，但仍依稀可辨为“天官赐福”图。中间的一品天官在正月十五之时，腾云驾雾，下落凡间，赐福于人间。此木雕浦东也有类似的寓意，但雕刻样貌略有不同。

图 41 天官赐福

（11）和合二仙（图 42）

此木雕在松江泖新村某老宅的云头，刻有“和合二仙”的人物雕刻。一个仙童拿着一朵莲花，一个仙童拿着盒子，寓意百年好合，和谐生活。此木雕人物在上海古建筑中的运用非常广泛。

图 42 和合二仙

四、松江乡村老宅现状

受到城市化进程以及农村集中居住的影响，松江乡村老宅已不多见，而大部分古建筑由于年久失修、农村建设等影响，除少数几幢屋主自行修缮之外，都或残存或处在坍塌的边缘。与此同时，这些乡村老宅没有一幢被列入文物保护单位，一些完整的、成规模的老宅亟需我们去保护，这些乡村传统古建筑是历史变迁的“活化石”，迫切的需要我们去探索、发掘、保护、传承。

五、上海松江传统民居词汇概念表

本书涉及较多民居相关词汇，部分词汇来源于民间，为便于读者理解，可参看本表。

<table>
<tr><th>名词</th><th>图例</th><th>概念解释</th></tr>
<tr><td colspan="3">外　部</td></tr>
<tr><td>面宽</td><td></td><td>面朝南的老宅，即为东西之间的宽度（不算附属房屋），传统老宅一般按间数确定面宽，若为三开间，则称为“面宽三间”，以此类推，见“开间”。</td></tr>
<tr><td>开间</td><td></td><td>面朝南的房屋，一埭传统民居的房间数量，现存松江农村传统民居一般均面宽三开间（即三间），少有五开间的。</td></tr>
<tr><td>进深</td><td>

</td><td>两种释义：1.从南至北平面上所具备的老宅数量，松江地区多有两进深（俗称“前后埭”或“两埭房子”），三进深（俗称三埭头），农村地区以两进深居多。2.单体房屋的深度，以梁木（俗称“桁条”）数量来计算，俗称“五路头”“七路头”“九路头”等。</td></tr>
</table>

续表

名词	图例	概念解释
前头屋	见P54航拍图、P57平面示意图	单埭头传统民居一般位于正中间的房间,通常用于会客、婚丧嫁娶等,也称“客堂”;若是前后埭传统民居,通常称前埭的正中为“前头屋”,也称“墙门间”。
次间	见P54航拍图、P57平面示意图	即除了正中前头屋或客堂间之外，两边房间的称呼，按照朝向也可称“X房”（如东房、西房、东南房等）。
庭心、抛厢庭心	见P34航拍图、P36平面示意图	即天井，一般是对前后埭房屋，或一正两厢房围成露天空地的称谓（摘自褚半农《话说绞圈房子》），通常地面用仄砖铺成不同纹样，少数大户人家则铺有石板，可称为“石地皮”。另，松江的前后埭传统民居中，把厢房与前埭或后埭相连之间形成的小型露天空地称为“抛厢庭心”或“房庭心”。
岛馆	见P58航拍图、P61平面示意图	一般为于前后埭中后埭与后围墙之间形成的墙内露天空地。
厢房	见P34航拍图、P36平面示意图	前后埭相连的房屋，或在三合院中位于两次间之后的房屋，多为南北向，俗称“龙腰”。
落脚屋	见P97平面示意图	即老宅的附属房屋，通常不住人，构造较差，用来饲养牲口家禽或堆放杂物，也称“小屋”“余屋”。

续表

名词	图例	概念解释
廊屋、包廊		松江很多落库屋的南侧会缩进一路来砌壁脚，这一区域本地人称为廊屋（又称孝娘屋），若是正中前头屋缩进一路，两侧次间砌壁脚，则称为“包廊”；若是其中一个次间砌壁脚，前头屋与另一次间均缩进一路的话，则称为“半包廊”。
硬山头		依屋面弧度砌至木椽，外观如人字形，也称“硬帖”。
护檐山（或写作荷叶山）		即观音兜。山墙由下檐成曲线至脊，类似观音菩萨所戴帽子式样。
歇山顶		由一条正脊、四条垂脊、四条戗脊组成，戗脊与垂脊形成的三角形山墙，称为“山花”（引用自褚半农《话说绞圈房子》），松江地区有些地方称为“硬落库”。

续表

名词	图例	概念解释
正脊、垂脊、戗脊		前后屋面合角于脊桁之上，在合角处作脊，上筑屋脊，为正脊；屋顶正面与山墙交界处，从正脊两端沿屋顶坡面而下的屋脊，为垂脊；歇山顶、庑殿顶的斜脊，称为戗脊。
垛头（墀头）、勒脚		垛头（墀头），为山墙位于廊柱以外的部分；勒脚，为山墙外侧下部，其厚度较上部放出一寸。
滚筒脊		正脊下部分成圆弧形底座，用两筒对合砌筑，圆弧形屋脊。

续表

名词	图例	概念解释
哺鸡头、 雌毛脊	 	正脊两头作泥塑哺鸡，有开口、闭口之分，称哺鸡头；两头若翘起，弯式自定，脊端下垫长铁板，为雌毛脊。
显堂		为屋脊正中的装饰，通常有较为精美的砖雕、泥塑等，由于经历特殊时期，松江农村的显堂装饰大部分已毁。
内　部		
正梁、 金梁、 步梁、 廊梁		屋内立于最高处的一根梁木，称为正梁（桁，也可称为头步梁），两侧的称为金梁（桁，也可称为二步梁），再两侧依次为步梁（桁）、廊桁。

续表

名词	图例	概念解释
中柱、 金柱、 步柱、 廊柱		于前文梁架所处位置的直立支撑的木头构建，正中为中柱（也称脊柱），两边依次为金柱、步柱、廊柱。
椽、 飞椽、 档豁		椽子，为垂直于两根梁木之间的木条，起支撑屋面与连接两梁的作用，两根椽子之间铺设望砖，之间称为“一豁”，一般档豁数的多少就可知该老宅面宽的大小；为了增加屋檐的长度，在出檐椽上再设椽子，称飞椽。
穿、 骆驼川、 金川夹底		穿，为两柱之间的横木，规格更高的有形似驼峰的穿，称为“骆驼川”，或称为“羊角穿”，下面的平川则称为“金川夹底”。
挑金贴		穿与柱子形成的屋架称为“一贴”，松江的有些大宅不作金柱，用大型骆驼川（可称双步）连接于中柱与步柱之间。

续表

名词	图例	概念解释
翻轩	 	客堂间前檐内部向上翻的部分，由轩椽、轩梁、月梁等组成，较为美观，不同的轩椽有不同的翻轩称谓，目前松江农村发现的有“鹤颈轩”“菱角轩”等。
机头		梁下两边的小型托木，若有雕刻，可称“花机”。
枋	 看枋	与梁下平行的立于两柱之间的扁作横木，若有雕刻，可称为“看枋”。
山雾云、官翅帽		中柱最上方三角板，形状像山尖之样式，有一定雕刻的，称为“山雾云”；山雾云外部有形似官帽的木板，有一定雕刻的俗称“官翅帽”。

续表

名词	图例	概念解释
蜂窠		位于正梁正中用于挂灯笼的铜皮纹饰，形似蜂窝，也称“花窠”，两边为方胜纹饰。
落地长窗、短窗、和合窗、栏杆	 	落地长窗，一般置于客堂间外部正中，分割内外，装于门框上槛与下槛之间；松江农村落地长窗分布不多，通常为四扇居多；短窗，安装于半墙或者栏杆之上的窗户称谓；和合窗，即向上旋开，一开一合两扇窗；栏杆，松江地区一般装于后埭客堂外侧两边，内部配以纹样，上置短窗。
门楹		钉于门框上槛的用于连接门之摇梗。

注：概念表的部分名词解释引用于《营造法原》及《话说绞圈房子》。

第贰章

特色民居篇

特色民居篇

1. 张庄村金宅

2. 泖新村百年老宅柴宅

3. 泖新村百年老宅陈宅

8. 洙桥村唐宅

9. 洙桥村曹宅

10. 洙桥村钟宅

15. 金胜村邱家老宅

16. 东夏村夏庄陆宅

17. 南三村张宅

22. 井凌桥村封氏来凤堂

23. 井凌桥村封氏祠堂

24. 同建村毛家汇周宅

29. 江秋村虞宅

30. 陈坊村吴宅

31. 新镇村九曲高宅

4. 泖新村钱宅

5. 洙桥村沈氏继财堂

6. 洙桥村陆宅

7. 洙桥村吴宅

11. 新源村谢宅

12. 古场村谢宅

13. 新源村曹家楼房

14. 东夏村夏庄谢宅

18. 兴旺村张宅

19. 徐厍村徐宅

20. 曹家浜村唐宅

21. 东勤村 7 号孙宅

25. 同建村铁塔俞宅

26. 联建村陈宅

27. 长溇村刘宅

28. 高桥村潘宅

32. 周家浜村范宅

33. 新浜村钱宅

34. 新浜村曹家楼房

张庄村金宅

金宅位于石湖荡镇张庄村5队（原属李塔汇镇），建筑坐北朝南，面宽三间，前后埭落厍屋形制。前后埭正脊、戗脊均为混筒三线脊，厢房混筒三线哺鸡加观音兜式，现存8间，建于清末民初（图1、图2）。金宅前后大屋和两侧厢房围合而成的四合院，前埭3间，后埭3间，东西厢房各一间，共计8间房，因此本地匠人还有一种叫法，称为“通转八间”。

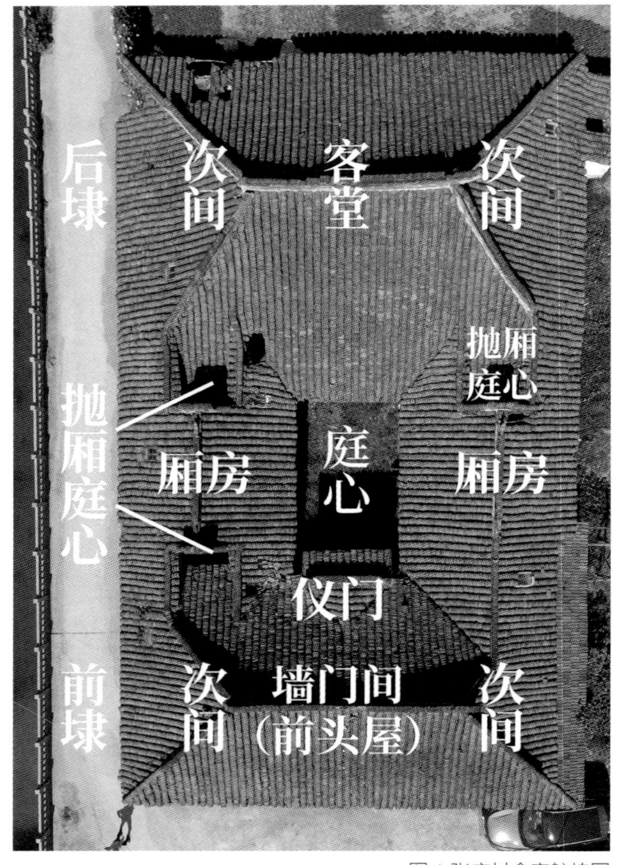

图1 张庄村金宅航拍图

图2 金宅东侧航拍图

图3 金宅南立面

前埭正脊中间置显堂，目前已毁，其形制为半包廊结构，设六扇大门，东次间设大门方便出入（图3），廊屋下铺有青砖，较为考究。墙门间内部为泥地皮，穿斗式，七路二十一豁，正梁中间蜂窠保存完好，面宽4.5米，内部六路进深5.6米，高4.6米。西次间与龙腰连接处有抛厢庭心，墙门间背后设衣架锦仪门一座（图4）。

庭心有回字纹仄砖铺地，由于荒废多年，杂草丛生（图5）。东龙腰外部保留有原生态格子窗，两龙腰与后埭相连处均设房庭心。

后埭原有宫式落地长窗，现均已拆除，在西次间内部可见4扇，并能看见蠡壳窗残迹，其裙板为花瓶与花卉的组合，3扇长窗的中夹堂雕刻有古代人物故事，分别为“左右逢源”“关公战黄忠”“惊艳”（图6）。第一路两侧设云头，雕有不同样貌花卉装饰，旁有箭头形状的机头，客堂内部方砖铺地，穿斗式，九路二十一豁，两边各梁架有骆驼川与川相连接，下设梁垫，其中正梁向外有跨两路大型骆驼川相连，显得尤为宽阔，各骆驼川均有卷草花卉雕刻，其中第二路至第三路的蝴蝶门上方的川也有雕刻花样，各川上的雕刻花卉略有不同，但均寓意吉祥富贵、枝繁叶茂（图7）。正梁中间蜂窠与前埭一样保存完好，为古代挂灯笼处。第七路下设裙板，原中间应有堂匾，现已毁，由于年代较为久远，未能打听出堂号。客堂面宽 4.6 米，内部八路进深 9.1 米，高 5.7 米。单从前后埭 1.1 米的高度差来说，“后发”之意尤为明显（图 8）。

图 4 仪门

图 6 落地长窗中夹堂木雕人物集

图 5 庭心和后埭

图 7 前头屋内部的骆驼川及平川雕刻

图 8 前头屋内部

厢房内部五路十九豁，中间设圆作抬梁加固支撑。西次间与房庭心之间设格子窗加强采光。

据邻近村民介绍，此宅主人金氏以躬耕为业，经过一定的财富积累，建造起一幢在当地算是比较气派的前后埭宅院，现小辈均已搬出此宅，已弃之不用。

金宅为上海现存前后埭中保存最好、形制最完整的前后埭落厍屋，具有较高的历史、建筑、艺术价值，金宅平面示意图见图 9。此宅对于研究松江当地的人文历史、建筑风貌有着极为重要的保护价值。早在 20 世纪 90 年代，徐桂林老师就在《松江老宅》一书中记录下其风貌（图 10），2011 年出版的《石湖荡镇志》也对此宅留下过相应的影像记录，希望有关部门能把此宅列入文物保护单位加以保护。值得一提的是，金宅还拥有仪门、骆驼川木雕、方砖铺地这些要素，为落厍屋之精品，显得尤为罕见与宝贵。

此外，金宅的南边历史上有张庄集镇，据当地年长村民口述，原张庄老街热闹非凡，有肉庄、布店、学校等，当地年长一些的老人都在老街上的“张庄小学”受到了启蒙教育。1978 年 3 月，建塔汇公社后，张庄成为公社边缘地区，原古松所建供应部、仓库等被废弃。特别是 20 世纪 80 年代和 90 年代，农村建房掀起高潮，原街面房被改、拆、造，集镇原貌不复存在。笔者在张庄镇上共看见古迹有三处，分别为一老屋（已改造）、一古桥遗迹，一牌坊石残迹（图 11）。

次间	客堂（前头屋）	次间
小庭心 厢房（龙腰） 小庭心	庭心 仪门	小庭心 厢房（龙腰）
次间	墙门间 廊屋	次间 廊屋

图 9 金宅平面示意图

图 10《松江老宅》一书中拍摄的此宅照片

图 11 张庄老街遗存

泖新村百年老宅柴宅

图 1 隔河远看柴宅

在松江区石湖荡镇泖新村有一幢造型奇特的百年老宅——柴宅，这幢老宅在现存的松江落厍屋中独树一帜。老宅里还遗存了罕见的明瓦窗，本地人称其为“蚌壳窗”或“蛎壳窗”。泖新村以泖河得名，这幢老宅就建造在泖河的支流栅里江东侧，号称为江，其实也就是一条再普通不过的乡村小河浜。松江自古以来就是鱼米之乡，乡村民居大都临水而建，粉墙黛瓦与周围的环境相融合，体现了人与自然的和谐（图 1）。

整幢老宅坐北朝南，面阔三间，砖木结构平房，两埭一庭心的江南民居四合院，后埭庑殿顶，前埭和厢房带观音兜歇山顶，小青瓦屋面，现东北角一间因翻建楼房超平方而拆除，甚为可惜（图 2~ 图 8）。客堂七路加后廊，二十一豁，穿斗式梁架。正梁的正中镶嵌着铜皮制作的“方胜纹”图案花窠，每根梁下方两端都置有雕花短机。素面看枋，东西两壁穿枋与羊角雕花。厢房五路，抬梁式与穿斗式结合减柱造法。老宅的屋主是八十多岁的柴老伯，他介绍说，这幢老宅由他爷爷建造于民国初年，至今大概有 110 年的历史。落厍屋四合院平面紧凑，庭心四周皆布置有功能用房。墙门间、庭心和客堂间为公共空间，其余用房皆可独立使用，非常适合一个大家庭居住。

图 2 泖新村柴宅航拍图

图 3 柴宅正面

图 4 从东侧看柴宅

图 5 从西侧看柴宅

图 6 柴宅西侧立面

图 7 柴宅北面

图 8 柴宅屋顶局部

图 9 观音兜

图 10 花边瓦和滴水瓦

在松江乡村地区，对于房子周围绿植的选择，当地人也有不少老规矩，最受喜爱的植物是竹子，人们选择它有各种各样的理由。竹子从古代就被认为是吉祥植物。我们过年时燃放的爆竹，最初是以竹子为壳制造而成的，点燃时发出的爆破声，人们视作可以驱逐鬼怪，保佑人们幸福安康。竹子四季常青、青翠挺拔，有生机勃勃、生命力顽强的象征意义；竹子是岁寒三友之一，品信高洁；竹子中空，被认为是谦虚的表现；而竹子挺拔的身姿，被认为有“宁折不弯”的豪气；竹子有节，寓意节节高升；雨后春笋寓意多子多孙。在实际生活中，竹子也有很高的经济价值。在松江乡村地区，竹子忌讳种在大门前面，有“出门见竹，出门就苦”的说法，所以人们都喜欢把竹子种在屋后。春天时收获竹笋，在物质条件匮乏的年代，竹笋制成的腌笃鲜那就是美味佳肴。清明时节，松江乡村地区亲戚之间彼此赠送草囤然后上坟扫墓，主人以酒菜招待，这种习俗称为“吃清明”。此时竹笋就是当家菜，巧手的主人可以用竹笋做出多种可口的佳肴。成材的竹子用途也很广泛，晾衣竿、戗篱笆、竹篮、竹椅等至今都是乡下农家常见的物品。

老宅前埭为三架梁，俗称“三路头”，中设廊屋。墙门间内部泥地皮，两次间屋脊为观音兜式样，当地人称为“护檐山头”或“护山头”。前埭屋檐带披，与厢房形成一个“观音兜歇山顶”样式（图 9）。

在屋面檐头，盖瓦垄采用“花边瓦”封檐，仰瓦垄采用下垂花片“滴水瓦”封檐。在屋顶仰瓦形成的瓦沟的最下面，有块特制的瓦，叫“滴水”。滴水瓦，一端带着下垂的边儿，底瓦于檐口处，其下端有下垂之圆尖形瓦片，盖房顶时放在檐口，主要功能是挡住椽子头。俗话说“出头椽子先烂”，正是有了滴水瓦的遮挡使每一根出头椽子免遭日晒雨淋，延长了椽子的使用年限。滴水瓦在烧制之前，会被绘上植物或者花卉的线条。为了美化装饰，花边瓦在外露的一面同样都烧有花纹，常见的有蝙蝠纹、寿字纹、如意纹、云纹和花卉纹饰等（图 10）。

墙门是这幢房子的大门、正门。原来应该有 6 扇落地摇杆长门组成，现在左边两扇拆除砌成了带小窗的壁脚（图 11）。通常在描述一座古建筑的体量时，最常用的单位是“面阔”和“进深”。面阔 ，又称“面宽”，中国古代传统单体建筑通常都为矩形平面，指的是建筑物矩形平面的横向的宽度，通常以“间”为单位，俗称“开间”，以两榀屋架之间为一间，通俗来讲就是一间房间的宽度。为了进一步区分房间宽度的大小，又以“豁”为单位来进行比较，用屋顶的两根椽子之间的水平距离为计量单位，称为“豁”，以单数计算。一幢房子里客堂间最宽，两侧的房间依次递减，如客堂间为二十一豁，次间就递减为十九豁。柴宅的墙门间屋顶共有 22 根椽子，墙门间的宽度就是二十一豁。进深指的是建筑物纵向的长度，以屋顶的两根桁条之间的水平距离为计量单位，称为“路”或“界”，本地俗称“路头”，以单

图 11 墙门

图 12 廊屋

数计算。柴宅的墙门间空间比较小，墙门间屋架只有三根桁条，它的进深就称为“三路头”。三路头墙门比较狭小，就像一间小房子嵌在东西两侧厢房之间，本地匠人形象地称其为“嵌三路”。

廊屋即廊檐，廊屋既保护了木质大门不受雨水侵扰，也减少了太阳的曝晒。因为廊屋遮风挡雨，家中老人冬天可以在此晒太阳，夏天乘风凉，也可以做家务，闲时聊天，又可晾晒衣物，堆放杂物（图 12）。

穿过墙门间，前后埭之间由东西厢房围合的一块方形空地就是一方小小的庭院，本地人称为“庭心”（图 13）。庭心地面一般用青砖或石板铺地，庭心满足了合院建筑中的通风、采光、排水的需求，而且显天露地，因此江南地区又称其为“天井”，应该就是形状像井又能看天原因吧。庭心使天、地与建筑融为一体，体现了中国传统文化中“天人合一”的哲学思想。柴宅庭心中央为青砖铺地，周围一圈为黄石铺成的阶沿石，非常整齐。为保持客堂间地面干燥，庭心与客堂间有一步落差，下雨时，庭心内的积水用暗沟引出，庭心地面下设有通向河道的阴沟，在角落里留有排水口，排水口上盖有石头制作的窨井盖，既便于积水排出又有过滤功能，防止杂物进入下水道造成阴沟堵塞。柴宅的下水系统已经经历了百年风雨的考验，至今畅通无阻，这是造房工匠们的杰作之一。

泄水口又称“沟漏”，是地面排水暗沟的落水口，多为石雕盖板，一般取古钱造型。因铜钱中间开孔，故俗称“钱眼”，可以防止杂物随着雨水流入暗沟堵塞下水道。石雕古钱盖板寓意“流走的是清水，留下的是钱财”（图 14）。

图 13 从墙门间看庭心

图 14 庭心西北角的泄水口

后埭正中间房间称“客堂”或“客堂间”（图 15、图 16）。客堂是家族（庭）内重大事件开展的场所，家族成员的婚礼都在客堂内举行仪式，婚宴主桌也设在客堂内。按照中华传统，丧事时亡者的遗体要移出卧室安放在客堂才称为“寿终正寝”，这个“寝”正就是后埭的客堂。此时客堂间就变成了灵堂，入棺仪式、哀悼、念经等活动都在客堂内进行。平时接待宾客，家庭聚会等也都在客堂内进行。因客堂担负的传统礼仪方面的特殊功能，其成为整幢房子里规格最高的一间，开间最大，高大宽敞，通风采光也较好。

图 15 客堂正面

图 16 客堂内景

在房屋的进深方向，“穿”与“柱”等木构架连接在一起组成了一榀木构架，苏南地区称为“贴”，正间两侧的称为“正贴”（图 17、图 18），次间或山墙处的称为“边贴”。

图 17 客堂东侧正贴

图 18 客堂西侧正贴

雕花的眉川（又作“眉穿”），因为形似羊角，被称作“羊角川”。又因为眉川形似驼峰，所以称作“骆驼川”。雕刻有牡丹图案，寓意富贵吉祥（图 19）。

东次间的腰门由两扇落地摇梗长窗组成，当中的内芯仔为葵式，就是以小木条纵横交错拼成各式花纹。又因为拼接的小木条带有钩子头，被称为葵式。心仔的外面装有明瓦用来采光。明瓦是用蚌壳打磨成带有四个圆角的方形半透明薄片，用竹片做框，把蚌壳镶嵌在里面，然后固定在窗外。明瓦，江南地区称其为“蚌壳窗”“蜊壳窗”或“蛎壳窗”，另一个名字更复杂，叫“蠡壳窗”，“蠡”即贝壳（图 20）。

厢房，是对应大屋（正房）而言，在正房两侧建造的房子，与正房相连的房子就叫“厢房”。厢房可以建在大屋的前面也可以建在大屋的后面。厢房既可以建在大屋的任何一侧，又可以在大屋两侧都建造厢房。按照中国传统习惯，大屋一般都是坐北朝南，那么厢房只能朝东或朝西，位于大屋东侧的就叫“东厢房”，西侧的就叫“西厢房”。柴宅的厢房就是连接前后埭的房子，本地人又称厢房为“龙腰”或“过路”（图 21、图 22）。柴宅平面示意图见图 23。

图 19 雕花的山雾云和眉川

图 20 葵式窗心仔细部和残存的“蚌壳窗”细部

图 21 通向东次间和东厢房的腰门

图 22 柴宅西厢房

次间	次间	次间（已拆除）
厢房	庭心	厢房
次间	墙门间 廊屋	次间

图 23 柴宅平面示意图

泖新村百年老宅陈宅

泖新村位于松江区石湖荡镇西北角，地处黄浦江源头泖河南岸。泖新村以泖河得名，以金泖渔村闻名于松江。本文要介绍的百年老宅陈宅就位于泖新村张家浜。整个村落被泖田包围，风景秀丽，陈宅就在村子的最北边（图 1~ 图 6）。

陈宅，坐北朝南，面阔三间，砖木结构平房，一正两厢形制落库屋，与北院墙围成“凹”形三合院，合院进深 13 米。大屋庑殿顶，刺毛脊，正脊有灰塑，小青瓦屋面。客堂七路十九豁，厢房五路三间，抬梁式与穿斗式结合，减柱造法。保留有隔扇窗，天井有青砖铺地。整幢老宅，现在只有一位八十多岁的陈老伯居住，据他介绍老宅已有 130 年历史，陈家祖上原为耕读人家，勤劳朴实，勤俭持家，积累了多年的财富，建起一座规模不大，但是较为完整的一正两厢房合院。几代传承下来，共有 7 家陈氏后人共有产权，现在后代们都在老宅附近另造楼房居住。共有产权人多，应该是老房子得以保存下来的主要原因吧。

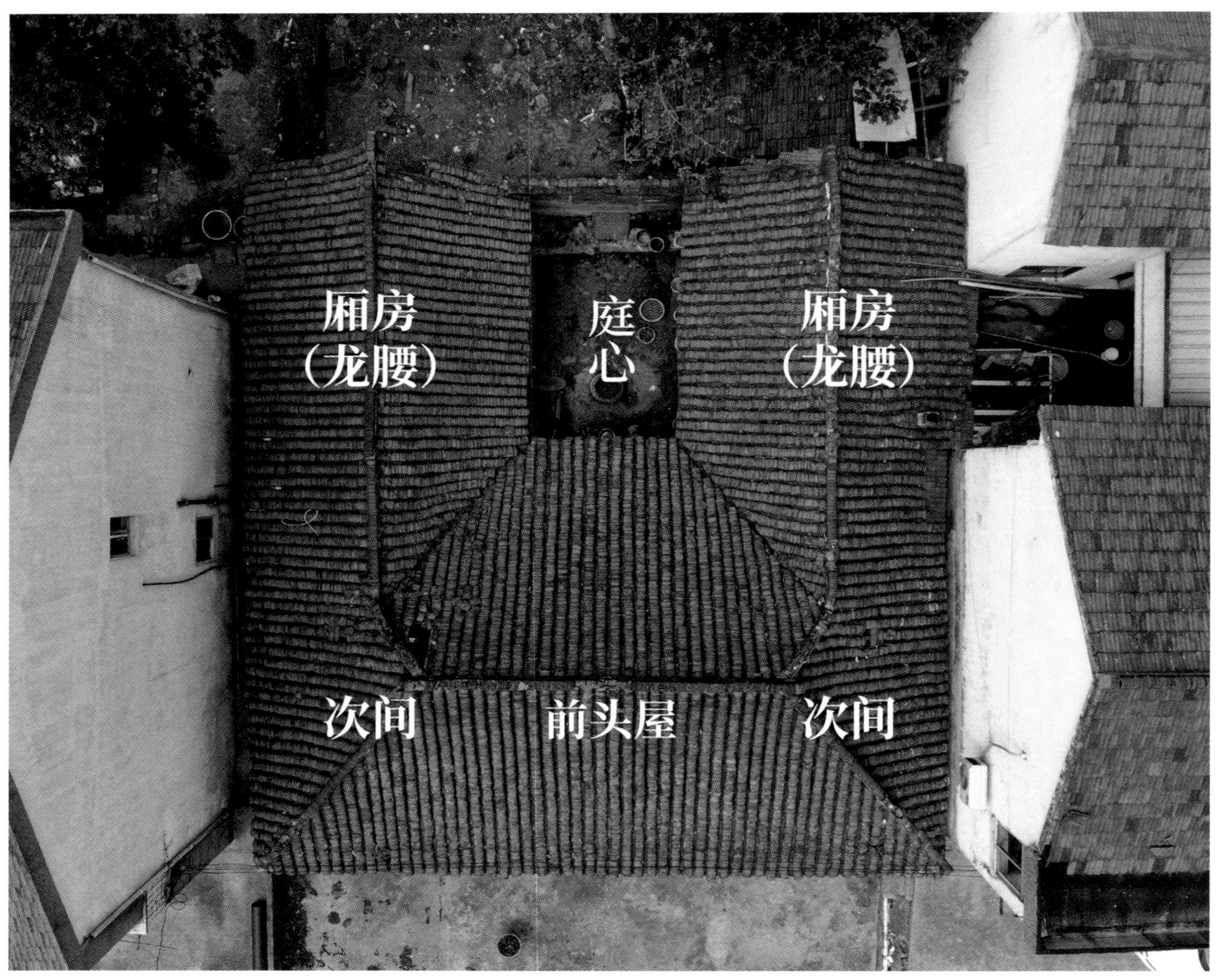

图 1 泖新村陈宅航拍图

图 2 陈宅正面

图 3 从东侧看陈宅

图 4 从西侧看陈宅

图 5 从北侧看陈宅

图 6 陈宅屋顶局部

小青瓦是江南民居屋顶最好的建筑材料（图 7），在松江众多老宅中都使用小青瓦，其具有四大优点：

第一是实用。江南地区雨水多，以小青瓦作为屋面材料防水性能好。陈氏老宅经历了 130 年的风雨，基本保存完好，就是一个实例。

第二是用料方便、经济。制作小青瓦的材料就是本地产的泥土，用柴草烧制而成。这两种材料在农村到处都是，小青瓦的制作工艺简单，材料和人工费用低廉。

第三是施工方便。江南小青瓦小巧，薄薄的瓦片每片约 1 斤 3 两，厚一点的瓦片每片约 1 斤半，运输方便，这是江南工匠长期选择、改革的结果。松江乡村的屋顶铺瓦方式都采用和合瓦，底瓦凹面向上，盖瓦是凹面向下，小青瓦一仰一卧，一底一盖，从上至下，从中间向两边依次铺作。铺瓦不需粘结剂，也不要像筒瓦那样要钉瓦钉，就靠屋面的坡度，以及小青瓦本身的重量，依靠结构搭接、拼铺而成。

第四是小青瓦屋面的修理也很简单。下雨天，屋顶漏水，定位比较简单，先看哪一个屋顶坡面，数一数是哪一根椽子，哪一根梁木下第几张望砖，记好位置。等到天气好了，找把扶梯，爬上屋顶，数一数瓦垄，就能确定大概的漏水点，掀掉该处的一垄或二垄的小青瓦，找出碎瓦片换上新瓦，再按原样码回便是。这种处理屋顶漏水的做法，在本地人称为“捉漏”。

屋顶相对的斜坡或相对的两边之间顶端的交汇线，用瓦、砖、灰等材料砌成的砌筑物称为“屋脊”。屋脊起着防水和装饰的作用。另外，屋脊因其在屋面上所处的部位不同而有多种称呼，如正脊、垂脊、戗脊、角脊等。其中在前后的坡屋面相交线作成的屋脊称为正脊。陈宅正埭屋脊为混筒脊，中置显堂，已毁，显堂旁仍能看见有卷草、花卉纹饰，寓意“子孙和财富连绵不绝”。陈宅正脊局部，装饰有灰塑纹饰（图 8）。垂脊，在庑殿顶、悬山顶、硬山顶建筑中，除了正脊之外的屋脊都叫“垂脊”（图 9）。盖瓦到檐口处，盖瓦垄采用 “花边瓦”封檐。图 10、图 11 为陈宅大屋

图 7 客堂间屋顶檐口小青瓦

图 8 陈宅正脊局部

图 9 陈宅屋顶垂脊

图 10 陈宅大屋前檐的花边瓦式样 1

前檐的花边瓦。大屋前檐未使用滴水瓦。

在过去，松江乡村地区居住习惯有“暗房亮灶”的说法。次间，一般作为睡房，是睡觉的私密之地，应当安静，光线柔和，所以只在房间的南墙北墙开设小窗（图 12），大门前设有廊屋（图 13、图 14）。加上普通人家住房紧张还要在房间中间用壁板隔断分成南北两间，所以睡房的采光和通风都较差。因为灶间大多设置在厢房里，面向庭心一侧开设四扇半窗，所以灶间的采光和通风往往较好。

图 11 陈宅大屋前檐的花边瓦式样 2

图 12 东次间南窗

图 13 陈宅前檐下的廊屋

图 14 廊柱与柱础

陈宅客堂间大门，由两扇摇梗落地长门组成，已经有过翻新（图 15、图 16），房屋内部也相对保存完好（图 17~图 20）。

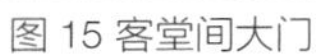
图 15 客堂间大门

图 16 大门的户柲和连楹

图 17 客堂间内景

图 18 客堂间屋顶梁架

图 19 客堂东侧正贴梁架

图 20 客堂西侧正贴梁架

客堂间后部素面看枋（图 21），20 世纪“破四旧”（指的是破除旧思想、旧文化、旧风俗、旧习惯）前大多人家在此设置家堂，正对大门摆放祖宗神主牌位。

陈宅客堂正梁下花窠（图 22），因形似蜂窝，又被称作蜂窠，谐音丰收入库。花窠两侧是铜皮制作的方胜纹饰，同样寓意吉祥如意。正梁下方设置有花机（图 23）。

图 21 客堂间后部素面看枋

图 22 陈宅客堂正梁下花窠

图 23 正梁下方的雕花短机

东次间屋顶开有天窗，以增加室内自然采光（图 24）。

位于客堂间北侧的仪门，比较简单，不设门楼，由两扇摇梗长门组成（图 25）。

图 24 东次间屋顶天窗

图 25 客堂间北侧的仪门

仪门下方可脱卸的活动门槛（图 26），仪门的门槛比大门门槛更高，从传统风水学的角度来讲，门槛高，财气不外泄，晦气不进屋。实际使用角度来讲，高门槛能遮挡庭心里的雨水漫进来，拦住鸡鸭不进客堂，搬运重物进出庭心时，卸下门槛，内外地面基本相平，可进出自如。

庭心（图 27、图 28）的作用是排水、采光、通风、在建筑中显天露地，使天、地、建筑在空间中融为一体。

底瓦近檐口处设含下垂圆片的滴水瓦，上覆花边盖瓦，以护住瓦端空隙。图 29 为庭心内檐口的花边瓦和滴水瓦。

图 26 仪门下方可脱卸的活动门槛

图 27 庭心

图 28 从庭心回看大屋

图 29 庭心内檐口的花边瓦和滴水瓦

图 30 东厢房半窗

图 31 东厢房半窗细部

图 32 东厢房内景

图 33 东厢房立柱与梁架

图 34 西厢房外观

图 35 西厢房半窗

图 36 西厢房外墙

图 37 西厢房内景

陈宅为现存松江乡村不可多得的较为完整、并基本保持原貌的一正两厢房落厍屋，对研究农村古建筑的形制、建造工艺有一定的价值，笔者拍摄了许多此宅的图片，因篇幅原因，仅作部分展示（图 30~ 图 37）。值得一提的是，此宅正埭为半包廊结构，在松江地区比较少见，陈宅平面示意图见图 38。

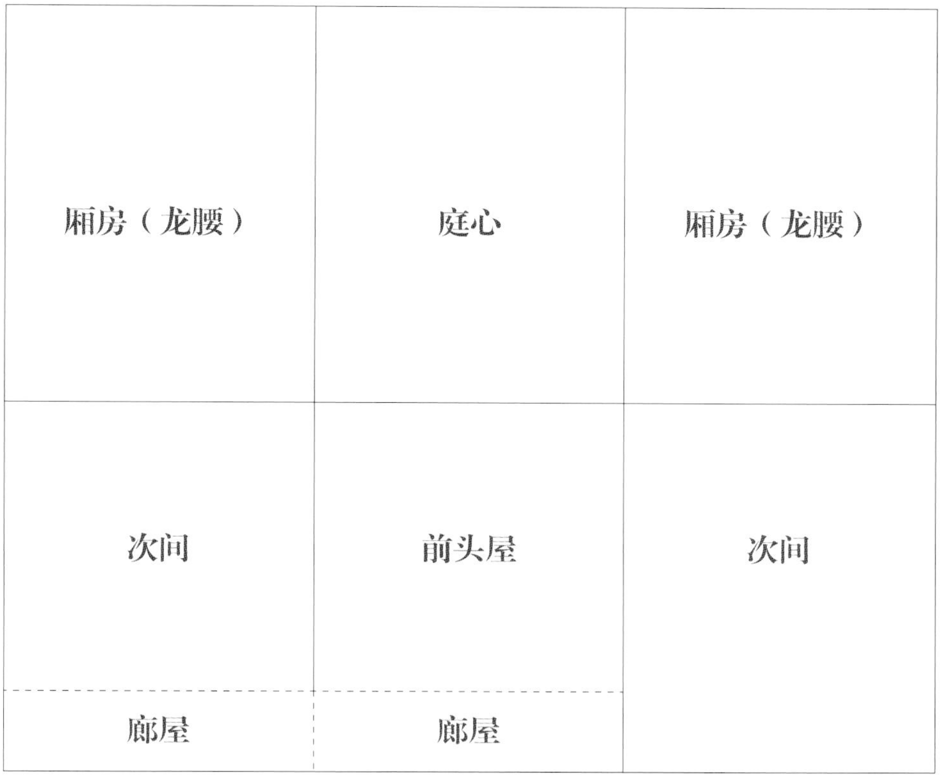

厢房（龙腰）	庭心	厢房（龙腰）
次间	前头屋	次间
廊屋	廊屋	

图 38 陈宅平面示意图

泖新村钱宅

钱宅位于石湖荡镇泖新村 4 队，建筑坐北朝南，面宽三间，原前后埭形制，现存 8 间，由钱氏建于清末民初，约百余年历史（图 1、图 2）。

前埭为混筒脊，墙门间外设廊屋，进深约为 1.3 米，设六扇门，其中一扇已毁，中有户栿，右大门已损坏。内部为泥地皮，穿斗式，七路十九豁，面宽 4.23 米。两次间面宽 3.65 米，均维持建造之初原貌，原后设两扇门通往庭心，已拆除。

原庭心有仄砖铺地，但现在已杂草丛生，非常荒芜，原貌已不存，可知此宅已荒废多年。东龙腰一半已坍塌，西侧龙腰相对较为完整。前后埭进深共 17.32 米。

后埭屋脊已作一定程度的改动，西侧屋脊已是硬山式，不知其原貌。前头屋外部原有四扇落地长窗，现均已不存，仅存两边万字纹栏杆，栏杆花结为石榴图案，寓意多子多福（图 3）。前头屋内部泥地皮，七路十九豁，两边各梁架有骆驼川与平川相连接，下设梁垫，其中第三到第五路各设两块平川，各骆驼川上均雕刻有花卉图案，为老宅增添了不少意境，平川上有线条勾勒，两边刻有如意头纹饰，梁木下设机头雕刻，只不过正梁机头较为考究，为卷草花卉图案，而第三、第五路机头较为简单，为箭头图形（图 4）。前头屋正梁正中蜂窠仍保存了下来，较为精美。南北三步梁下均设枋，但较为朴素，未有任何雕刻装饰。

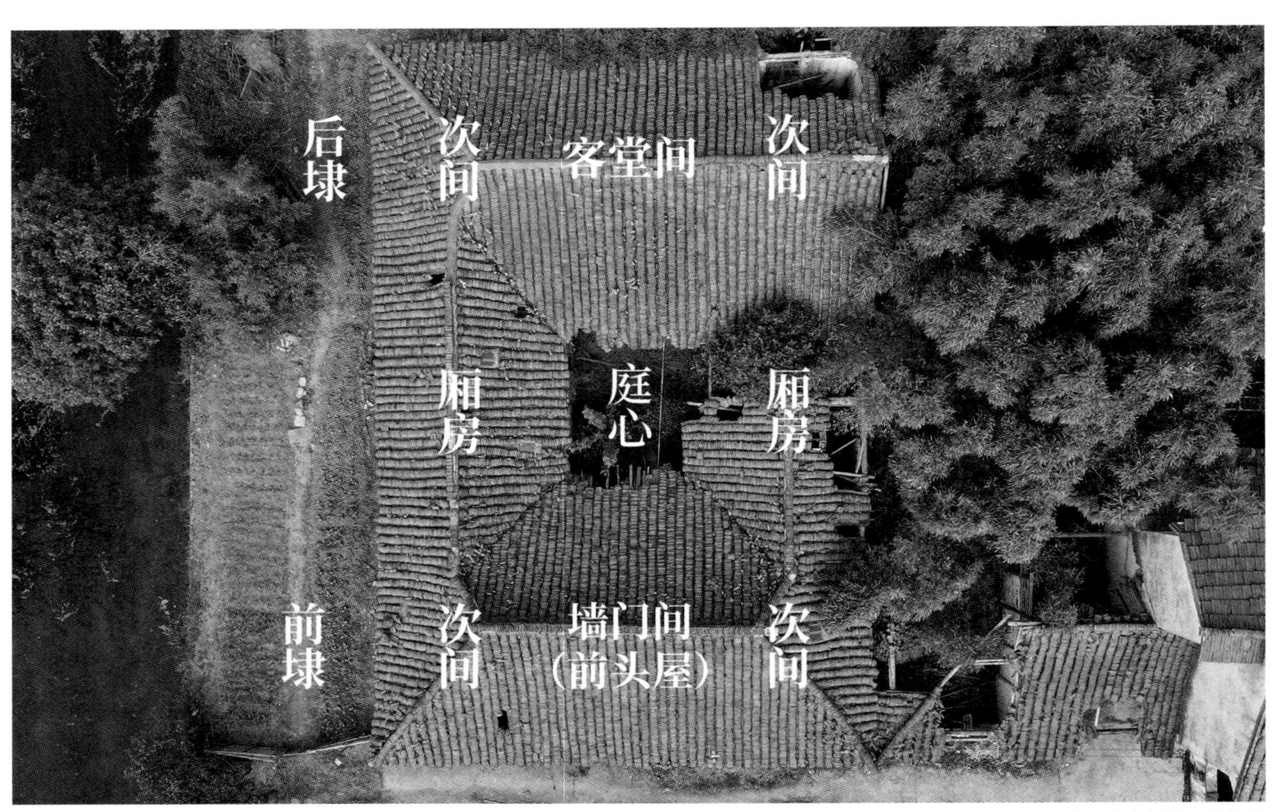

图 1 泖新村钱宅航拍图

图 2 钱宅

图 3 前头屋内部的栏杆

图 4 前头屋西侧墙壁上的梁架结构

据当地居民介绍，此宅约建于100年前，房主钱氏在当地有一定的地位，故积累有一定的财富，建成此前后埭大宅院。20世纪80年代以后，小辈陆陆续续迁出此宅，老宅则日渐荒废，现保存状况不佳，摇摇欲坠。

钱宅，为松江乡村为数不多形制较完整的前后埭之一，后埭屋脊虽经一点改动，但大部分保留原貌，且后埭内部木架较为精美，具有一定的保护与保留价值，是研究前后埭落库屋古建筑不可多得的实例之一。值得一提的是，2011年出版的《石湖荡镇志》中，此宅还作为“农村老宅”的典型留下了相应的照片资料。令人遗憾的是，在2024年年中，该宅已不存，松江乡村的传统民居又少了一个存在的实例。钱宅平面示意图见图5。

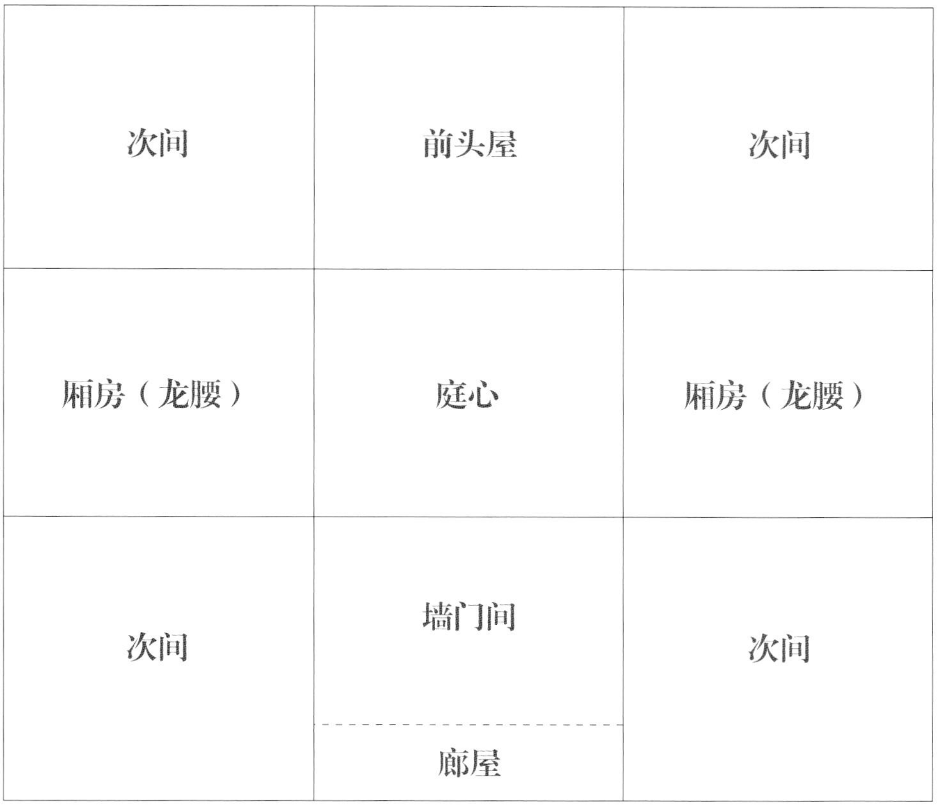

次间	前头屋	次间
厢房（龙腰）	庭心	厢房（龙腰）
次间	墙门间 廊屋	次间

图5 钱宅平面示意图

洙桥村沈氏继财堂

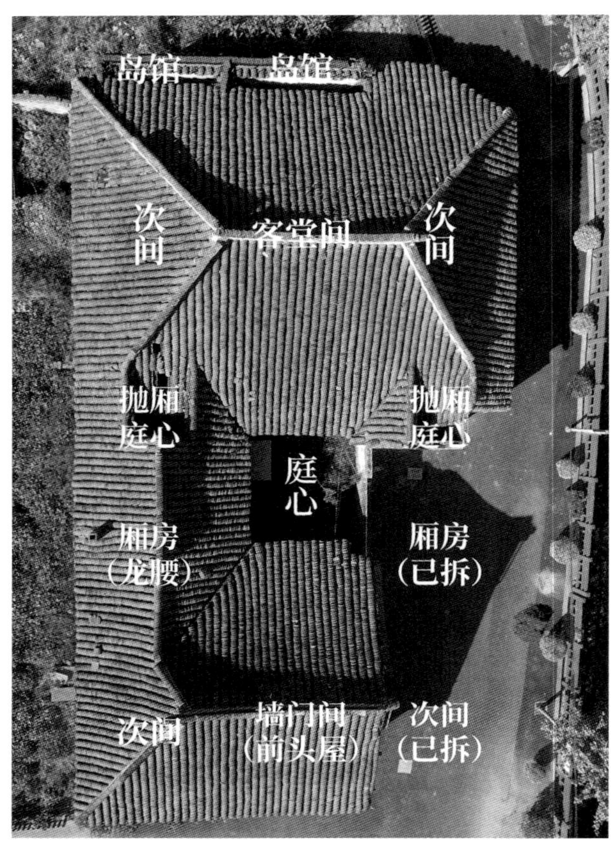

图1 沈氏继财堂航拍图

图2 门框托木及门槛雕刻集

沈氏继财堂位于石湖荡镇洙桥村3队，建筑坐北朝南，面宽三间，前后埭落厍屋形制，前埭东次间和东厢房已拆除，现存6间，内部保存较好，由沈氏建于清末（图1）。

前埭为混筒三线雌毛脊，中设廊屋，置6扇门，当中有户枕。中间大门门框下部两侧托木雕刻较为精细，为花瓶、铜钱、花卉，寓意“平安富贵”，门槛处雕刻有四个小字“人口太平”（图2）。内部泥地皮，七路十九豁，正梁两侧有花卉图样机头，中间蜂窠保存完好。墙门间面宽4.24米，高4.86米，后墙壁原有两扇大门通往庭心，下部门框嵌有青石门当一对（图3）。比起同村的陆宅，其雕刻较为简单，下部雕有须弥座，中间雕有如意、牡丹花、向日葵等，寓意“吉祥如意、花开富贵”。

庭心中间为席纹样式仄砖铺地，东侧有部分为青砖横铺，其余已铺上水泥，原貌不存（图4）。进深4.4米，宽4.2米，大致为正方形结构。厢房与后埭连接处设房庭心加强采光。

后埭为混筒三线脊，原中间置显堂，已不存，两侧依稀有花卉泥塑等遗存。客堂原设四扇落地长窗，现仅存其一。其中夹堂、下夹堂雕刻有卷草、花卉图案，裙板有木雕花瓶、花卉、笔筒、拂尘、如意等，寓意“平安富贵、必定如意”。长窗两侧设葵式万川栏杆，其花结已毁，上原有四扇格子丰窗，现存三扇，其下夹堂上雕刻有梅、兰、菊，原四扇雕刻应为“梅兰竹菊”四君子。客堂内部泥地皮，九路十九豁，进深8.9米，高5.66米，从高度上看，在后埭落厍屋中可谓“数一数二”。第一路廊柱两侧置云头，雕刻有花卉图案。各柱子之间均有骆驼川相连，雕刻有卷草、花卉，寓意“连绵不绝、花开富贵”（图5）。下设梁垫，其夹底有线条勾勒。前廊柱与步柱之间两侧的骆驼川雕刻则最为考究，为“凤穿牡丹”，象征美好幸福（图6）。腰门门框雕刻有一定观赏性，其下部有卷草、方胜、花卉。从第三路至第六路桁条原均有机头雕刻，除正梁外，均为箭头图案，部分已毁。正梁正中蜂窠一定程度上损坏，两侧有山雾云和官帽翅，后者有镂空花卉图样雕刻，外有花卉图样机头，有凤头昂构建，下设十字拱和坐斗与中柱相连（图7）。第七路两步柱之间设有屏门，中间写有对联，依稀辨认左侧为“福似东海”，那么右侧即为“寿比南山”（图8）。屏门中间梁枋上原挂“继财堂”字样牌匾，现已不存，后埭西次间与客堂后有岛馆。

图3 两侧门当

图4 庭心及后埭客堂风貌

图5 客堂内部梁架

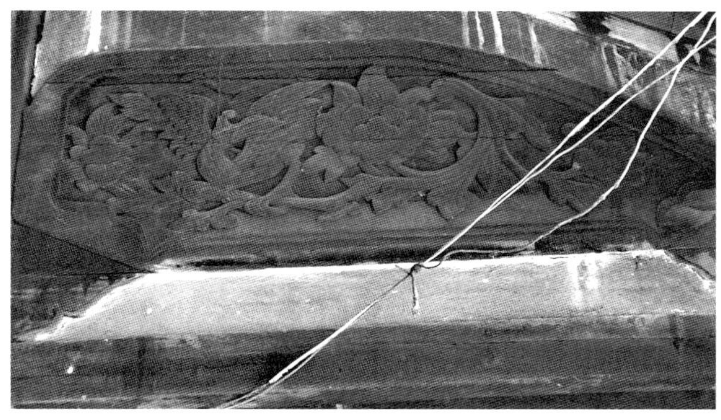

图6“凤穿牡丹”骆驼川

图 7 十字拱和坐斗与中柱相连

图 8 屏门及对联

据沈家后人介绍，原宅建于一百多年以前，原主人很好地诠释了“耕读传家”的家风，既学做人，又学谋生，积累了一定财富，建起了一座具有一定规模的前后埭宅院，并取名为“继财堂”，希冀后辈继承遗志，留守财富。20 世纪 80 年代后期，由于农村住房环境的改变，前埭东次间和东厢房被拆除，在附近建造楼房（图 9）。

图 9 沈氏继财堂现状

沈宅，为松江乡村不多见的内外原貌保存较好的传统民居，其木雕丰富，规模较大，是不可多得的农村老宅实例，具有重要的研究与保存价值。值得一提的是，此宅所在的行政村——泖桥村，古迹不少，有几处老宅遗存，还保留有原清净庵的 300 年银杏，是个名副其实的“古村落”。沈宅平面示意图见图 10。

岛馆 岛馆

次间 客堂 次间

廊屋

房庭心 庭心 房庭心

次间 墙门间

廊屋

图 10 沈宅平面示意图

洙桥村陆宅

陆宅位于石湖荡镇洙桥村 8 队，建筑坐北朝南，面宽三间，原为前后埭落库屋形制，前埭西次间和西厢房均已拆除，现存 6 间，由陆氏建于民国时期（图 1）。

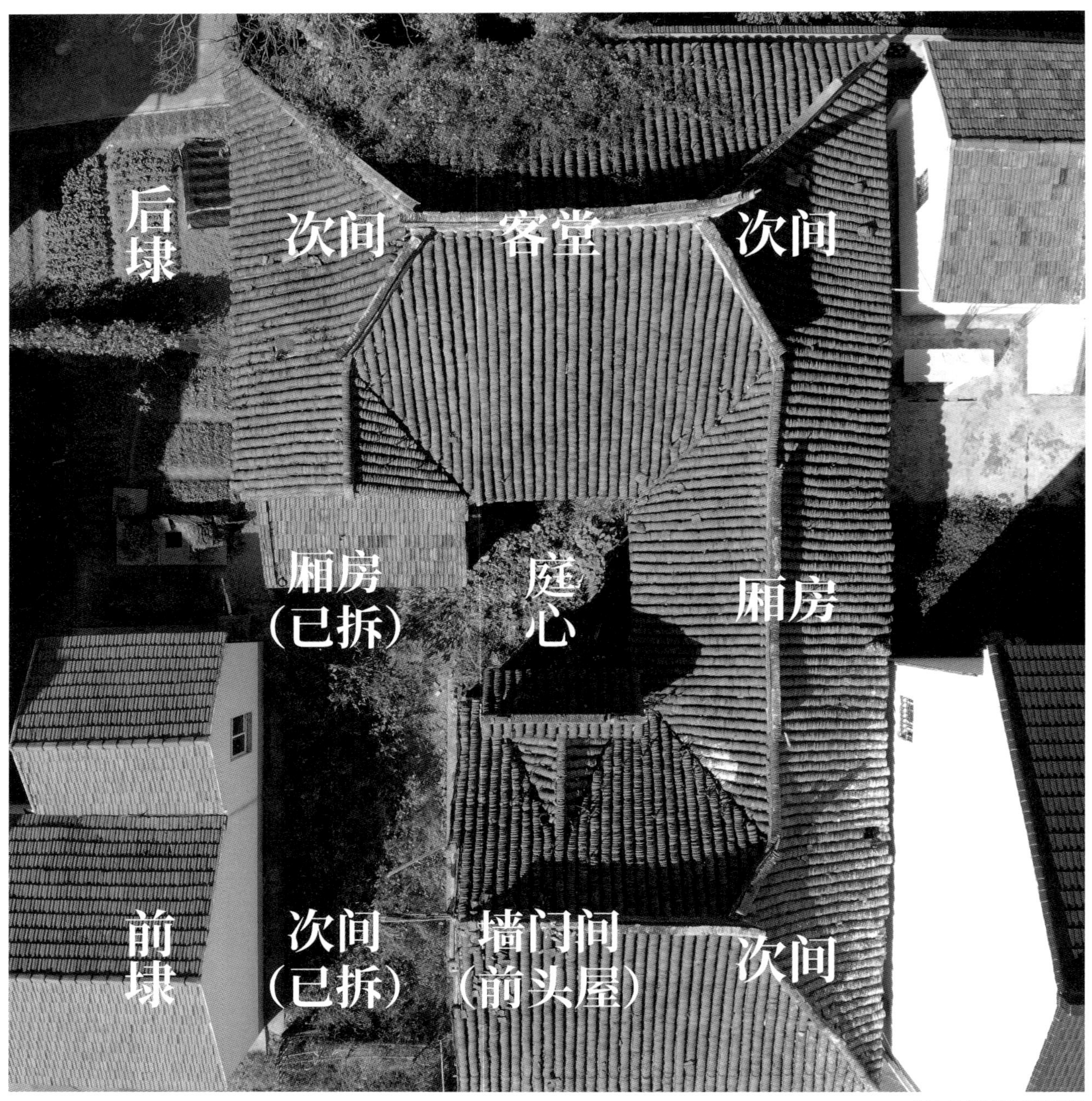

图 1 洙桥村陆宅航拍图

前埭为混筒三线脊，原中间置显堂已毁，仅存一些如意纹饰泥塑。墙门间设廊屋，原有大门已毁。门框下部托木有雕刻，东为如意、笔、银锭，取谐音寓意“必定如意”；西为盛开的花朵，寓意“花开富贵”（图 2）。内部泥地皮，七路十九豁，面宽 4.41 米，七路进深 7.8 米，高 4.4 米，正梁中蜂窠保存完好，两侧有花卉图样机头，后步柱设梁枋。后墙壁原有两扇门通往庭心，下部门框两侧嵌有青石门当一对，雕刻有象征美好寓意的各式纹饰等。东边门框两侧门当均刻有须弥座、海马、鹿回头、鱼上树，门框的另一侧刻有聚宝盆等，寓意“俸禄来家，年年有余”；西侧门框两侧门当刻有须弥座、海马、麒麟送子，门框的另一侧刻有聚宝盆、元宝、铜钱，寓意“多子多福，财富合聚”（图 3）。

图 2 门框托木

图 3 西侧门当

墙门间背后有一座规格最高的牌科仪门，但保存状况不佳。仪门单檐硬山，檐下设仿木结构重椽，斗拱大部分已毁，其间的垫拱板原有回字纹图案，现基本已无。其上枋、左兜、右兜、下枋原均有雕刻，现均已毁，不见其样貌。原题额也已被纸筋石灰糊住，不见题刻（图 4）。

庭心原有仄砖铺地，由于此宅已荒废多年，杂草丛生，已不见其貌，东厢房内部铺有小青砖，西厢房已毁。

后埭也为混筒脊，与前埭一样，中间显堂已毁。客堂间设廊屋，两侧设腰门，腰门门框较为讲究，下部有如意头雕刻。廊屋内原有一排落地长窗，现仅存部分。内部方砖铺地，九路二十一豁，各柱之间均有骆驼川相连，有线条勾勒，下设梁垫（图 5）。正梁中间蜂窠基本已毁，从第三路至第六路梁下均有机头，其中正梁下较为精美，雕有花卉，其余梁下均为箭头图案。第七路步柱有屏门相连，上有梁枋，中间有挂牌匾的匾托。客堂间九路进深 8.8 米，高 5.42 米，规模较大，两侧墙壁依稀可见 20 世纪六七十年代的“毛主席语录”（图 6），原后埭之后有岛馆，现东次间岛馆已不存。

图 4 陆宅仪门

图 5 客堂内部梁架

图 6 当年的标语

据当地村民介绍，此宅原为当地较为富有的人家建造，20 世纪 80 年代后，因为农宅的翻建，西次间、西厢房被拆除，并在东侧建楼房。

陆宅，为松江乡村极为少见的带传统仪门的老宅，对研究当地的村落分布、传统古建筑建造工艺有着较高的研究价值（图 7）。陆宅平面示意图见图 8。

图 7 陆宅现状

岛馆	岛馆	
次间	客堂 廊屋	次间
	庭心 仪门	厢房
	墙门间 廊屋	次间

图 8 陆宅平面示意图

洙桥村吴宅

吴宅位于石湖荡镇洙桥村12队，建筑坐北朝南，面宽三间，一埭头四落戗形制，原正脊正中置显堂，已毁，由吴氏约建于百多年前（图1）。

南侧外墙已水泥化改造，前头屋外部设两扇现代木门，门框上方有疑似原“花板床”上的木雕“花板”用作装饰。而前头屋两边的水泥外墙则有梁头构件伸出，并有人物雕刻。其中西侧为“天官赐福”，东侧为“观音送子”，两幅木雕饱含主人对美好生活以及人丁兴旺的向往之情（图2）。

图1 洙桥村吴宅

图2 “天官赐福”和“观音送子”木雕

前头屋内部原为泥地皮，现已铺上水泥，七路十三豁（图3）。

两边各柱头之间有骆驼川相连。但其木雕却不尽相同，南侧廊柱至金柱之间以及北侧金柱至步柱之间的骆驼川，雕刻不同样式的花卉图案；东西两侧的骆驼川，为相同的花卉雕刻由南向北依次排列；两侧的中柱至金柱的骆驼川，雕刻有龙、凤、花卉、祥云，寓意“龙凤呈祥”，而两侧龙凤图案则雕刻成不同样式，不显单调（图4、图5）。

各骆驼川下均有梁垫，正梁两边雕刻有蝙蝠祥云式样山雾云，中间蜂窠仍存。正梁及两边二部梁两边下有箭头式样机头雕刻，则较为普通。

前头屋面宽2.8米，七路进深7.8米，高4.1米，从数据上看，其面宽极小，可谓是“袖珍前头屋”了。

据当地村民介绍，此宅原为前后埭形制，后埭后有小屋。宅主人吴氏以躬耕为业，在百多年前出钱建造了一座袖珍型“前后埭落厍屋”。20世纪80年代后期由于住房条件改善以及农村翻建房屋热潮，前埭翻建楼房被拆除，而后埭则留存至今。

吴宅，是上海西部农村面宽最小的带有木雕的农村老宅。其前头屋内部的木雕虽然比不上一些大宅那样精致，但仍可以体现出原宅主的独具匠心，具有一定的研究与保存价值。笔者在外部看此宅之时，原以为是一幢极为普通的“一埭三开间落厍屋”，结果进入前头屋内部之后，才发现“别有洞天”，顿时觉得自己“孤陋寡闻”。

图3 前头屋内部

图5 驼川下的梁垫

图4 龙、凤、花卉、祥云雕刻

泖桥村唐宅

泖桥村作为松江现存的几个历史悠久的传统村落，村里还留存了十多处传统民居，本文介绍的唐宅就是其中之一（图 1~图 12）。

石湖荡镇泖桥村 616 号唐宅，坐北朝南，面阔三间，砖木结构平房，单埭头拖两厢落库屋，三合院形制，庑殿顶，小青瓦屋面。客堂七路，十九豁。唐宅的廊屋与众不同，贯穿了客堂和东西次间，形成了一条长廊。现在，唐宅只有唐老伯一人居住，子女都已搬到松江城区生活，节假日时，子女回来和老人团聚。据唐老伯介绍，老宅已有百年历史，由其祖父在民国初年建造，东次间及东厢房因在 20 世纪 80 年代末翻建楼房时拆除。前几年由于屋顶漏水，其儿子对老宅进行了局部翻新，老屋基本保持着原来的风貌。自从建了新楼房，除了客堂间的功能未变，老伯把卧室从老宅的次间搬到了楼房里，次间和厢房的功能也有了变化，随着松江乡村地区液化气的普及，原先厢房里的灶头被拆了，次间改成了厨房，为了增加使用空间，狭小的厢房被改成了杂物间。

图 1 唐宅正面

图 2 唐宅东侧面

图 3 唐宅西侧面

图 4 唐宅西面

图 5 从西北角看唐宅

图 6 大屋西侧屋顶局部

图 7 厢房屋顶局部

图 8 大屋和厢房屋顶交汇处的斜沟

图 9 屋顶檐口的花边瓦和滴水瓦

图 10 唐宅廊屋

图 11 唐宅客堂间正面

图 12 客堂间屋顶梁架

木构架由于材质不同、气温和湿度的变化、地基的沉降等原因，时间长了榫头会出现松动，如果脱榫，木构架就会解体，房屋就会有坍塌的危险。为此，匠人会在榫卯结合处采用一种类似现代铁钉和插销功能的小零件——木销子进行加固，防止榫卯结构日久松动脱落。木销子一般选用坚硬且有韧性的硬木或毛竹根部的皮青部分加工而成，形状各异，有长有短，有大有小，断面有方有圆，由匠人自己根据不同的用处来制作。在榫卯制作的同时，在构件的关键部位凿上能对接的小孔，匠人称之为“销眼”。木构架在榫卯搭接后，将木销子用榔头敲入销眼，这样就能拴牢榫卯构件。这种木销子在木工工艺中应用广泛，除了大木作和小木作，还应用在家具和农具的制作中。木销子的使用有明有暗，明装的木销子两头外露，图 13 中的木销子就明装；暗装的销子两头用锯子锯掉，然后用刨刀刨平，最后打磨平整就看不到销子的痕迹了，这样能保持木料的外观纹理的整洁，线条的流畅。在实际使用中，木销子大多数为暗装，明装的少，看得不仔细，很难发现（图 13、图 14）。

图 13 柱枋交接处加固榫卯结构的木销子

图 14 木销子侧面

唐宅经历了百年风雨，老宅没有落库屋常见的阴暗潮湿的体感，宅内每一处都体现着江南传统民居的朴实无华。老宅里没有奢华的木雕或者精致的家具，却处处体现了住宅的最高标准——宜居。唐宅虽然不完整，但是我们透过唐宅的窗户，能感受到江南民居的“雅”。唐宅是松江乡村传统民居的精品，能反映出清末松江乡村浦南地区建筑工匠的高超工艺水平。唐宅之美美在整体亦美在细节，从现今的图片中，我们依然能感受到老宅的朴素之美（图 15~图 20）。

图 15 庭院内景

图 16 从庭院看西厢房

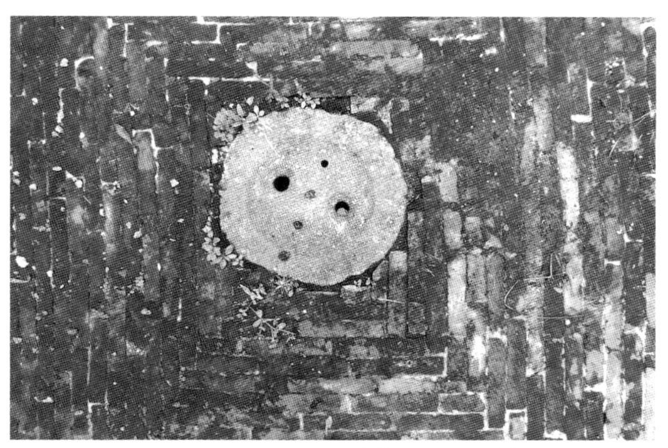

图 17 庭院铺地和带孔磨盘替代了泄水口

图 18 唐宅厢房短窗内景

图 19 由直棂窗演变而来的花窗

图 20 唐宅厢房短窗

泖桥村曹宅

石湖荡镇泖桥村 405 号民居曹宅，坐北朝南，面阔三间，砖木结构平房，单埭头落厍屋形制，庑殿顶，小青瓦屋面。客堂七路十九豁（图 1~图 6）。现在曹宅只有曹老伯夫妇两人居住，子女都已搬到松江城区生活。据曹老伯介绍，老宅已有 70 年历史，基本保持着原来的面貌。

图 1 曹宅正面

图 2 曹宅东面

图 3 曹宅西侧面

图 4 曹宅北侧面

曹宅是单埭头落厍屋，是很典型的松江乡村传统民居。在江南传统建筑中，以单间房子为计量单位，称为“开间”，曹宅为三开间，正中间一间称为正间，两边为次间，曹宅的正间为客堂间，东次间为曹老伯夫妇的房间，西次间是子女的房间。曹宅进深为七路，屋顶采用的是青瓦，正脊与垂脊做法也比较简洁，用小青瓦竖立叠放，灰浆固定，称为“筑脊”，檐口处理一样很简单，没有使用花边瓦和滴水瓦，直接用碎瓦片填充，屋顶北侧檐口用瓦片横放，凹面朝下，起到了花边瓦同样的效果（图 7~图 12）。

图 5 曹宅大屋顶

图 6 曹宅客堂间正面

图 7 曹宅正脊中央有寿字灰塑纹饰

图 8 曹宅垂脊细部

图 9 曹宅檐角

图 10 檐角的榫卯结构

图 11 西侧屋顶局部

图 12 北侧屋檐

曹宅大门为通间墙门，采用了“三关六扇门”形式。它的具体设置是用立柱将中央开间分为左中右三段，每段都有两扇门，而且都可以开合，所以叫作“三关六扇门”，当遇到红白喜事，六扇门都可脱卸（图 13）。

"厌胜"，是旧时中国民间一种避邪祈吉习俗，利用一些特殊的器物或文字来辟凶邪，这样的器物被称为"厌胜物"，又称为"辟邪物"或"镇物"。"厌胜物"起源于人类文明的原始阶段，在《诗经》中就有相关的记载。"厌胜物"以有形的器物表达无形的观念，在心理上帮助人们面对各种实际的灾害、危险、祸患及虚幻的鬼怪，用来克服各种各样无法解释的疑惑与恐惧。"厌胜物"作为非实用的器物，更多的是精神与信仰的寄托，是原始宗教信仰、古老民俗的传承，它是神秘的，也往往带有迷信的色彩。家宅是人们最重要的生活空间，为了起居无忧、人丁兴旺、财运亨通、延年益寿、逢凶化吉，镇宅安家的"厌胜"作为一种历史悠久的民间风俗，现在我们还能在一些传统民居中看到其遗留，如大门口悬挂风水镜等辟邪器物。在中国传统风俗中，宅门是人、鬼、神共同出入之道，是镇辟鬼祟的关卡，为防范妖魔鬼怪乘虚而入，宅门"厌胜物"就此产生。曹宅大门上悬挂了"风水镜"和"人口太平"铁牌就是典型的宅门"厌胜物"（图 14）。

图 13 曹宅大门

图 14 "风水镜"和"人口太平"铁牌

曹宅客堂间共七路十九豁，水平枋以下的隔墙都为清水墙。凡是墙体表面不加粉刷、不加贴面材料的砖墙，就叫"清水墙"。隔墙使用青砖平砖顺砌错缝砌成，墙体单薄，牢固性差，俗称"单壁"，像曹宅的隔墙就叫"清水单壁"。因为中国传统建筑是用由柱梁枋组成的木构架来支撑房屋受力的，墙壁只起到一个分隔内外的作用，所以单壁在传统建筑中得到广泛应用，像这样的两根柱头之间的墙壁，本地人称为一垛"壁脚"。曹宅客堂间及老宅细节（图 15~ 图 23）。

图 15 曹宅客堂间内景

图 17 客堂间西侧正贴梁架

图 16 客堂间东侧正贴梁架

隔墙砌筑时，因为立柱是半包在墙体内的，所以与圆柱相交的青砖需做丫口，即用泥刀把青砖一端砍出八字形凹槽，与立柱连接，这样使得墙体与圆柱形成一体，做到了无缝连接。这种砌筑样式，本地工匠称为“外墙里壁”。

水平枋以上的梁架留空区域，都以侧砖顺砌的方式填满。因为这样砌成的墙体非常单薄，比一般的单壁还要薄许多，所以墙体两面要抹灰加固。

曹宅东次间被分隔成了两间，南面一间为曹老伯夫妇的卧室，北侧一间部分空间改造成卫生间，增强了房屋的实用功能。西次间同样被分隔成两间，南面一间为卧室，北面一间为厨房间。

房屋翼角的椽子以角梁为中心，下端依次逐根排列，形似扇骨状分布，至檐口与出檐椽齐平，因似渔民摔网，故称“摔网椽”。

曹宅属于普普通通的松江乡村传统民居，曹老伯在这里生活了 70 年，日子过得比较简单，家具及家电也都以简单实用为主。质朴的村民，朴素的老宅，都是松江建筑文化和农耕文化的传承。

图 18 客堂间一垛壁脚的局部

图 19 山尖部位侧砖顺砌外粉白灰

图 20 柱子、柱础和磉石

图 21 东次间翼角“摔网椽”

图 22 曹宅的百年双层方形红罩篮

图 23 曹宅的老式架子床

泖桥村钟宅

泖桥村 479 号钟宅用料讲究，建造工艺中西结合，是松江乡村传统民居的精品（图 1~图 7）。钟宅坐北朝南，面阔三间，砖木结构平房，硬山顶，小青瓦屋面，客堂间九路十九豁，东西次间设有阁楼。现在老宅为空置状态，只有钟老伯夫妇两人居住北侧后建的楼房里。钟老伯今年 71 岁，据他介绍，此宅在 1950 年建造，有 70 多年房龄。钟家祖传的老宅位于泖桥市河西侧，传到钟老伯的祖父时只能分到很小的一份，他的父辈兄弟姊妹四人成长过程中因为住房狭小，一直借房居住，寄人篱下。新中国成立后，兄弟姊妹都已成家立业，有了一定的经济基础，合全家之力，在老村子的东边择地建造了这幢房子。因为钟家的姑爷当时在上海市区的洋行工作，就把在当时比较先进的建筑理念也带回了泖桥村，传递给了造房的当地工匠，所以钟宅除大门外的门窗式样属于西式，次间安装阁楼在当时是比较稀奇的。

钟宅的位置原先是大块的农田，他们家是现在泖桥村 1 队造房入户的第一户人家，后来村民们陆续在周围造房，形成了现在的规模和布局。钟宅为三开间，正中一间为客堂间，东西两边为次间。钟宅的屋顶式样为硬山顶。这种屋顶式样简单朴素，只有前后两个坡面，屋面相交在最高处形成一条正脊。屋顶在山墙处与山墙墙头齐平。硬山式屋顶是中国传统古建筑屋顶式样中一种低等级的屋顶形式，被广泛应用于民居建筑中。钟宅的正脊也比较简洁，用小青瓦竖立垒放，灰浆固定，称为“筑脊”。

图 1 钟宅正面

图 2 钟宅东侧面

图 3 阶沿石

图 4 钟宅廊屋正面

图5 檐口花边瓦与滴水瓦（纹样为寿字和花卉）

图6 钟宅廊屋

图7 檐柱、柱础与磉石

山墙是砌筑于建筑物横向两端，依着木构件边贴而砌的墙体，墙的上端与前后屋顶间的斜坡，形成一个三角形，形似汉字“山”字，所以称“山墙”。它的主要作用是承重，支撑屋顶的重量，还起到与邻居的住宅分隔和防火的作用。山墙因为是承重墙，墙体厚实，一般不设置墙门，为了通风与采光可以开设小型窗洞。山墙伸出檐柱的一小截墙体，作用是支撑屋顶出檐，称为“垛头墙”（图8）。

钟宅的大门为通间墙门，共由8扇落地长门组成，中间“三关六扇门”，分成三组对开，左右两侧各一门为单开（图9），大门上槛有联楹、下槛的门臼也依然保存完好（图10、图11）。

图8 钟宅的垛头墙

图9 钟宅大门

图 10 大门上槛的联楹

图 11 大门下槛的门臼

钟宅客堂间共九路十九豁，非常高大宽敞。因为怕台风来袭，后来在屋顶梁架加装了两根斜撑（图 12、图 13）。

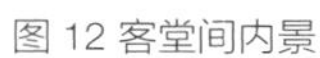

图 12 客堂间内景

图 13 屋顶梁架

钟宅的次间安装了阁楼（图 14、图 15），利用立柱之间的川梁（也称为穿梁）作为承重梁，在川梁上架设与桁条平行的格栅，钟宅阁楼下有 5 根格栅，在格栅上铺设木楼板。阁楼的楼梯设置在次间北侧的墙角，为两段式转角楼梯，靠墙一侧不设栏杆，凌空一侧安装了扶手栏杆。东次间阁楼上的屋顶开有天窗（图 16）。阁楼的通风效果差，光线昏暗，不适合住人。阁楼位置较高，相对比较干燥，一般用来存放换季的被褥和衣物，以及其他杂物。东次间中间砌墙分隔为南北两间房间，南房间为卧室，有方砖铺地。北房间为起居室。西次间为没有隔断的统间（图 17~ 图 21）。因老宅北侧建了楼房，老宅基本用来堆放杂物。

图 14 东次间楼梯

图 15 东次间阁楼

图 16 东次间格子窗

图 17 西次间腰门

图 18 西次间内景

图 19 西次间阁楼

图 20 西次间边帖梁架

图 21 边贴童柱

钟老伯讲，过去造房子真的不容易，原先计划还要造厢房作为厨房和杂物间，大屋造好，已无资金，只能用剩下的建筑材料将就着造了大屋北侧的批屋三间，东侧一间杂物间，西侧一间作为灶头间，中间一间拆除作为北侧楼房通道（图 22~图 26）。

钟宅已在风雨中屹立 70 余年，它保存着钟家人的生活记忆，同时也记录着松江地区人们对民间建筑的审美变化。

图 22 钟宅北立面

图 23 西次间屋顶（西侧批屋为灶头间）

图 24 客堂间北门与窗户

图 25 东次间后方披屋为杂物间

图 26 院中遗存的石櫃

新源村谢宅

新源村位于石湖荡集镇西南侧，全村道路畅通，河道清洁。全村的民居也经过统一规划改造，外观协调，错落有致。村民的自留地也因地制宜地进行了景观改造，不仅好看而且实用。村民的居住环境得到了整体提升，变得十分宜居。

新源村现在还留存着不少乡村传统民居，本篇要介绍的是新源村五村谢宅（图 1~ 图 7）。谢宅房龄 74 年（1950 年建），坐北朝南，面阔三间，砖木结构平房，一正两厢形制落厍屋，与北院墙组成完整三合院。大屋庑殿顶，刺毛脊，小青瓦屋面。客堂七路十九豁。东西厢房各两间，五路头抬梁式与穿斗式结合，减柱造法，混合式硬山顶，北侧设观音兜防火山墙。该宅保存完好，梁架精美，是新中国成立后松江农村地区用料最讲究、建造工艺最为精湛的一幢民居，是松江乡村传统民居的精品。

据谢宅的主人谢先生介绍，他们家从曾祖父开始成为工人，到他这一辈已有四代，都在上海市区工作，收入比较稳定，比在农村种田收入也高一些，有了一些积蓄后，他爷爷在 1950 年建造了这幢房子。因为经济比较宽裕，谢家造房子所用建筑材料都是精挑细选，请来的作头师傅是本地有名的匠人，他带领的团队里都是有经验的能工巧匠，所以谢家房子的质量上乘，虽经历了 70 多年的风雨，老宅至今依然保存完好。

落厍屋的屋顶被一条正脊和四条垂脊分隔成坡度较缓的四个坡面，使得屋面排水更流畅。落厍屋屋面硕大，内部空间宽敞，提供了冬暖夏凉居住环境。谢宅屋顶的微微凹形曲面让整个建筑的线条也变得更为优美、柔和，还可以减小风的阻力，也减少了雨水被风吹后的倒流，从而保护了檐下的椽子和檐柱及外墙。

图 1 谢宅正面

图 2 新源村谢宅卫星图

图 3 从东侧看谢宅

图 4 从西侧看谢宅

图 5 谢宅东立面

图 6 谢宅东次间屋顶局部

图 7 谢宅东厢房屋顶局部（屋脊中央修有哺鸡头）

谢宅的屋脊有一中国古建筑飞檐翘角的感觉。谢宅不用木结构来起翘，而是直接在戗脊上做戗角，做法简单，外观轻盈，曲式优美，效果突出。这种式样的戗角起翘在江南地区称为“水戗发戗”，本地匠人称为“拖戗”（图8）。屋面工程称为瓦作，钉椽子仍归木匠负责，铺望砖、盖瓦和筑脊由泥水匠来施工。泥水匠以铁条为骨架，在戗端预埋扁铁，前端戗头翘起，像这样的扁铁，匠人们称其为“戗挑”。扁铁后端用铁钉固定在戗角木骨架上，称为戗座，然后用砖瓦砌出滚筒，铺上灰浆，顺势排上瓦片，逐层挑出上翘（图9）。

图8 谢宅的“水戗发戗”

图9 “戗挑”实例（摄于东港村）

谢宅西侧的弄堂（图10），可以看到墙壁的下部勒脚是加厚的，而不是落厍屋常见的平砖错缝顺砌而成的单壁。谢宅边贴立柱完全嵌在了两侧山墙之中，不会受到风雨的侵袭，同时增强了防盗的作用，相比单壁，盗贼“掘壁脚”的难度增加了。据谢先生介绍，以前墙壁外面是包着戗篱笆的，戗篱笆的功能有两个，一个是防盗，另一个是遮挡雨水防止直接冲刷墙壁。为了增强厢房屋檐的强度，山墙檐口下方增加了一根斜撑。

图10 谢宅西侧的弄堂

谢宅的客堂间、廊屋以及其细节可见图 11~ 图 14。

图 11 谢宅的客堂间正面

图 12 谢宅的廊屋

图 13 谢宅廊屋东南角的翼角屋架细部

图 14 廊屋柱枋梁连接处

在中国古建筑的木构架中，柱子一般都立在柱础上。柱础在江南地区叫鼓磴，因形似圆鼓而得名，是安放在柱子下面的基石。鼓磴的形状其实有方有圆，以鼓状的最为常见。鼓磴有以下几个作用：一是用来承受支撑屋顶的柱子传递下来的压力；二是因鼓磴高出地基许多，而且石头不怕潮湿，与地基隔离使木头立柱不受地基潮气的侵袭而腐烂；三是保护柱子不受碰撞而损坏，延长了柱子的使用寿命；四是起到装饰作用。鼓磴下方的方形石块称为磉或磉石（图 15）。磉石的宽面约为柱子直径的两倍，厚度约与柱子的直径相同，因为面积大分散了受力，增强了木构架的稳定度。

图 16 为石櫍，与鼓磴作用相同，防水、防潮，在木立柱与地基间，建有柱础，并在木柱与柱础之间，垫以石櫍。石櫍的形状与鼓磴有些区别，而且石櫍的高度比鼓磴要高一些。

现在在松江乡村地区，鼓磴，磉石和石櫍都统称为“磉子石”或者“爽水石”。

图 15 谢宅廊柱下的柱础和磉石

图 16 谢宅的石櫍

谢宅的大门由通间八扇落地摇梗长门组成，门上贴有门联（图 17）。门联总是成对贴在大门的左右两块门板或门框柱子上，而且每年春节总要换上一副新的，所以门联又称为对联或春联。门联表达了中国劳动人民一种迎祥纳福的美好愿望。横批贴于门楣的横木上。横批多为四字，写横批是从右往左横写。春联的张贴，要符合传统的规矩，春联要竖贴。上联要贴在右手边（即门的左边），下联要贴在左手边（即门的右边），上下联不可贴反。以面南房子为例，尾字仄声是上联贴东面，尾字平声是下联贴西面。

谢宅正梁下的蜂窠（图 18）以铜皮制作，有方胜纹饰，寓意“吉祥如意”。

谢宅客堂间后部，屋顶三步梁下方设置有素面看枋（图 19）。

谢宅客堂间大门后西侧墙上，短板与水平枋之间没有嵌砖而留有空档，用来倒挂锄头和铁搭，可见工匠的创意（图 20）。

图 17 谢宅的大门及门上的春联

图 18 谢宅正梁下的蜂窠

图 19 看枋

图 20 挂农具的地方

谢宅仪门下方的可脱卸的活动门槛，仪门的门槛比大门门槛高多了，可以防止庭心里的雨水漫进来，从风水学的角度来讲，门槛高，财气不外泄，晦气不进门（图 21、图 22）。搬运重物进出庭心时，卸下门槛，内外地面基本相平，可自如进出庭心。

图 21 谢宅客堂间北侧的仪门

图 22 仪门下方的活动门槛

春日里的谢宅异常美丽，从庭心放眼望去，可以看到厢房屋顶的观音兜（图 23、图 24），屋顶上长出的植物郁郁葱葱，老宅在时光的流逝中依然葆有生机。

图 23 谢宅春日的庭院

图 24 从庭心可以看到厢房屋顶的观音兜

古场村谢宅

谢宅位于石湖荡镇古场村（原古场9队），建筑坐北朝南，面宽三间，一埭两龙腰硬山头形制，前埭正脊、厢房均为混筒二线哺鸡脊，原哺鸡头大部已损坏，但仍能显示其风貌，现存6间，由谢氏建于1950年（图1、图2）。

前埭两次间外墙清晰可见铁扁担，这些铁制“钉子”起到了固定与支撑墙体的作用，防止硬山式墙体因开裂导致倾斜而倒塌。前头间设有一路廊屋，并已进行现代化改造，装上铝合金防盗门，但里侧六扇传统木门仍存，也不失古韵。西次间窗已改造为现代移窗，东次间窗为原物，正脊两边下部有类似“蝴蝶”形状捏作，取谐音“福叠”，意为福气重重叠叠连绵不绝。前头屋内部原为泥地皮，现已铺上水泥。两边墙壁下部为清水墙，上部才涂上纸筋石灰，颇具古意，内部梁架为七路十九豁，正梁两边有箭头状机头托木，中间蜂窠保存完好。东西两次间设阁楼，阁楼可堆放杂物，若家里人口众多时，也可居住。厢房两边的窗户仍为原物，庭心原有仄砖铺地，现已铺上水泥。两厢房之间有一堵墙，形成一个合院结构（图3）。

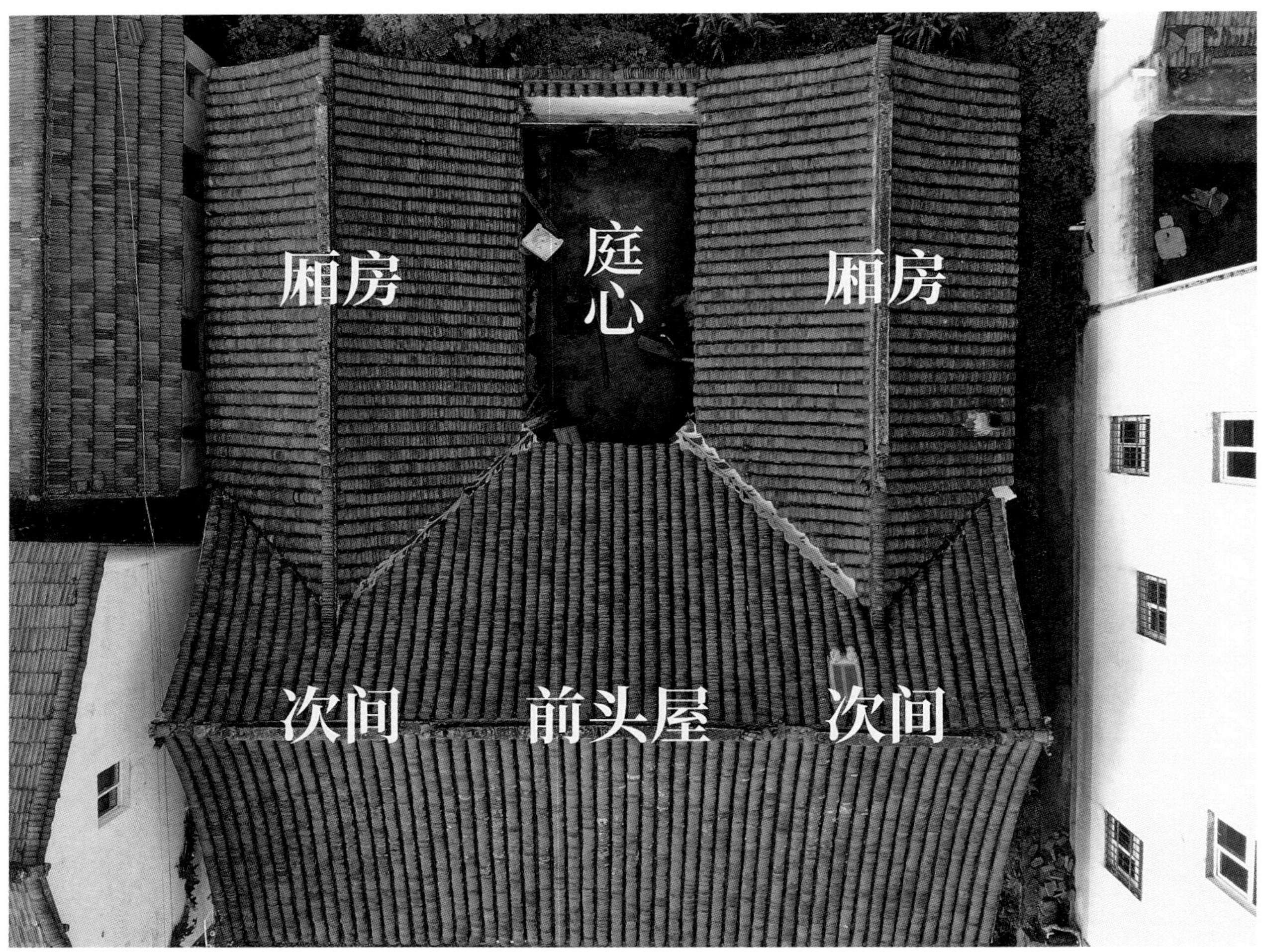

图1 古场村谢宅航拍图

图 2 谢宅正面

图 3 合院结构

据房屋主人介绍，此宅和南面新源村五村的谢宅几乎同一时间建造，为新中国成立前后（正式完工于 1950 年），只不过南谢宅为一埭两龙腰四落檐形制，古场村的谢宅在建造之初受制于地界与位置影响，若建造四落檐形制，需要出檐，较占空间，故建造了与四落檐不同的硬山头形制，也增添了“特殊性”。旧时传统，宅界以屋檐“滴水”为准，不可超过。这里说的就是这种情况。

谢宅，因其保存完好，与现存当地较为常见的“四落檐”形制的老房子屋顶建造方式不同，是不可多得的传统民居遗迹，可作为当地的传统“硬山头”合院的实例，加以探索与研究。但是令人惋惜的是，因沪苏高铁建设，此宅已拆除。谢宅平面示意图见图 4。

厢房（龙腰）	庭心	厢房（龙腰）
次间	前头屋 廊屋	次间

图 4 谢宅平面示意图

新源村曹家楼房

曹家楼房位于石湖荡镇新源村五村（原五村3队），建筑坐北朝南，面阔三间，砖木结构悬山式楼房形制，原为三进深平楼结合大宅院，现仅存一埭楼房，由曹氏建于清末民初（图1）。

曹家楼房顶原为三段式混筒三线哺鸡脊，现各哺鸡头均已损坏。南北屋檐及梁架极不对称，南侧仅为两路，北侧则为四路，这样子形成了“七路头”。或许是因为原楼房以南要接厢房，且为了加强采光，故其出檐较近，而北部出檐远，可相对增加内部的面积空间。古宅外部有一圈青石制街沿石，客堂间设四扇落地长窗，其两边的样式则不尽相同，西侧为“书条宫式”，东侧为带花卉形状的“混面”。落地窗两旁各设有四扇半窗，下砌墙，客堂内部泥地皮，西侧腰门保存完好（图2）。

图1 曹家楼房

图2 客堂间内部

据此宅后人介绍，原曹宅主人为有一定土地、一定实力的当地人，原宅落成之时，为三进深平楼结合，各进之间两边均接有厢房，其第二进屋后有墙门，后家道慢慢败落。新中国成立后由于住房翻建及改造等原因，拆除两进及厢房，现仅存一楼房。

曹家楼房，为松江农村地区罕见的楼房之一，具有一定的参考、研究价值，对研究松江农村的楼房形制有着一定的借鉴作用。此外，此宅所在的行政村——新源村是在2004年，由原五村和古场村合并而来，有娄村、外巨、张家港、南荡湾、北荡湾、蔡家头、杨家角、头陀港、泖田新村、三家村等10个自然村16个村民小组组成（数据来源于2011年《石湖荡镇志》的相关介绍），在这块区域或多或少有一些老宅的遗存，笔者共探访到9座老宅，其中有落厍屋5幢，硬山头3幢，楼房1处（为此幢），其中一幢落厍屋的仪门（“竹苞松茂”仪门）、原古场村谢宅和硬山头曹宅的木雕人物笔者已作相应的记录，这个村庄也算是名副其实的“古村落”（图3）。

图 3 新源村老宅合集

东夏村夏庄谢宅

谢宅位于石湖荡镇东夏村夏庄（原夏庄村），建筑坐北朝南，面宽三间，一埭硬山头连一小屋形制，其正脊为三段式混筒三线脊，原有哺鸡头，现均已损坏，由谢氏建于清末民初，百多年历史（图1）。

图1 谢宅正面

正脊中间置显堂，现已毁。前头屋退一路，设廊屋，进深1.24米，高2.59米，设八扇大门，大门上部木板中间有“寿字纹”镂空雕刻。内部泥地皮，九路十九豁。正梁两边机头有“葡萄”样式雕刻，葡萄的果实成串地堆积在一起，寓意“多子多福，人丁兴旺”；正中蜂窠保存完好（图2）。前头屋面宽4.2米，九路进深9.16米，高5.41米，在现存松江乡村的老宅之中，具有一定规模。

图2 前头屋内部梁架

两次间原都设阁楼，并开有小窗，东次间由于失火，拆除一小部分，小窗已不存，面宽3.85米。西次间保存完好，西侧设镂空须弥座式样墀头，下部有一铁扁担固定，其外墙壁仍能看出均匀分布的铁扁担加固墙体，西次间面宽4.15米。西侧外部有一间过弄通往两间朝南小屋。小屋则为主人摆放农具或柴火之用，还可以饲养家畜。南侧小屋屋脊为观音兜（当地人称“护山头”）歇山式，但其南侧外墙已有一定程度的坍塌。

据宅主后人介绍，此屋建造约一百多年之前，原房主有一定财富，建造了一埭三开间硬山头连一小屋。后住房条件改善，后代陆陆续续搬离此宅，但正埭仍保存较好。

谢宅，为松江乡村不多见的“硬山头连一观音兜小屋”结构，规模较大且保存相对比较完整，对研究松江乡村的硬山头老宅的内部结构及建筑工艺有着极为重要的借鉴作用，与此宅类似形制的农村老宅，笔者仅在金山区原兴塔镇农村见到，与此宅有一点区别的是金山区那幢有两过弄与一间小屋相连（图 3），所以只能称类似，故十分罕见。但是令人惋惜的是，为了配合建造沪苏湖高铁的建设，此宅已拆除。

谢宅平面示意图见图 4。

图 3 金山区下坊村张宅

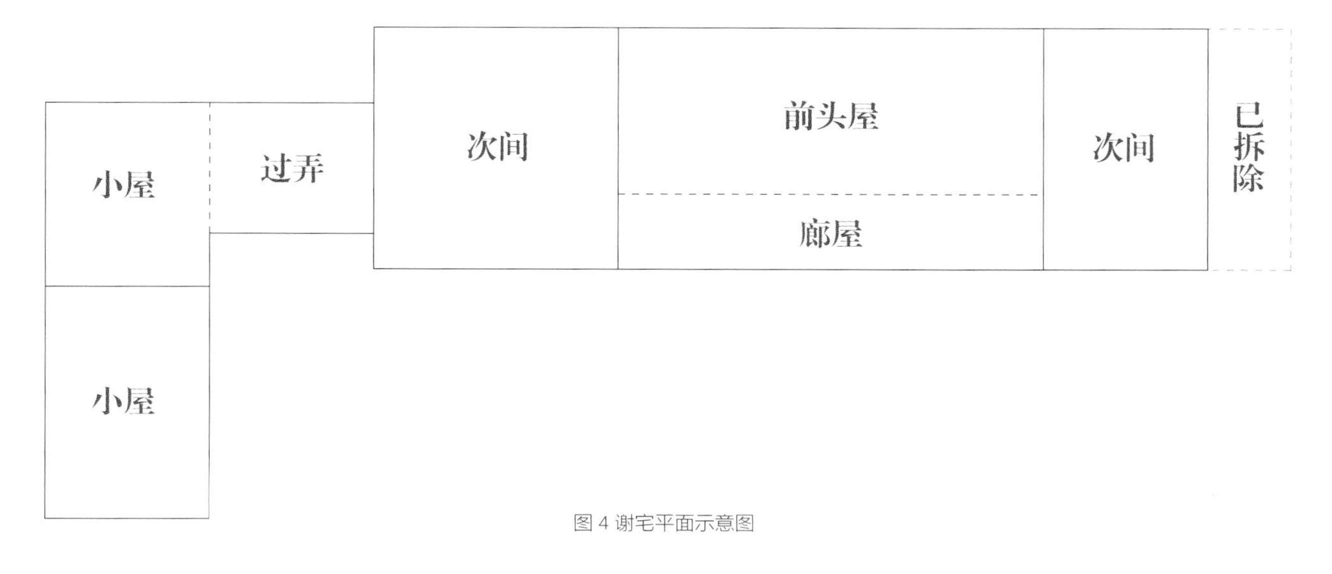

图 4 谢宅平面示意图

金胜村邱家老宅

金胜村邱家埭是一个美丽幽静的江南小村。在村子里有一幢不起眼的平房——邱家老宅，该宅是松江现存落厍屋中最小的三合院（图1~图5）。房东邱老伯已80多岁，据他介绍，他家世代务农，老宅已有90年的历史。现在老宅无人居住，老伯和家人住在附近另建的楼房里，子女有的去城镇购房居住。老宅现在就堆放一些杂物，老伯每天来老宅的灶间用老式灶头烧烧水，去菜园劳作时来取用一下农具。邱家老宅坐北朝南，面阔三间，砖木结构平房，一正两厢形制落厍屋，与北院墙围成“凹”形三合院。大屋庑殿顶，屋脊为游脊，小青瓦屋面。客堂五路十五豁，抬梁式与穿斗式结合减柱造法，厢房五路，屋脊与大屋屋脊齐平垂直相交。东次间为灶间，西次间为卧室，卧室还保存了一张雕花架子床。邱家老宅以“小”为特色，开间小、进深小、高度小、天井小、门窗小，以上五“小”组合在一起，成就了松江乡村最小的三合院。下面就让我们走进老宅，来仔细看一看这一幢屋后有竹林的“五小”三合院吧。

图1 邱宅正面

图2 从东面看邱宅

图3 从西面看邱宅

图 4 邱宅东北角

图 5 邱宅北侧

邱宅正脊为游脊，以瓦片斜搭铺设而成，即由中心分开朝两边铺搭，是屋脊中最简单的一种（图 6）。邱宅的建造工艺已经相当的简化，整个屋顶的线条都是平直的，没有一处体现落厍屋常见的曲翘和弧线，这就是这幢老宅的与众不同之处，简单实用。

邱宅大门（图 7）为两扇摇杆长门，因客堂间只有五路进深，建筑尺度很小，所以大门处不设廊屋。邱宅客堂间现堆放着杂物（图 8）。不设廊屋的情况在松江现存的单埭落厍屋中还能看到几处，而在合院式落厍屋中是罕见的，邱宅独此一家。

图 6 邱宅正脊——游脊

图 7 邱宅大门

图 8 邱宅客堂间

邱宅客堂间东侧正贴梁柱（图 9），可能因为木材紧张或财力的缘故，采用了抬梁式与穿斗式结合的构架，与穿斗式构架五根柱头相比少用了一根柱头，所用柱子也比较短。这种工艺，本地匠人称为“偷柱造”。

图 9 堂间东侧正贴梁柱

邱宅客堂间西侧正贴梁柱（图 10）采用了抬梁式构架，少用了一根柱头，两侧立柱木构架明显的不对称，这应该是工匠们因材施工的结果。老宅的东次间为灶头间，东西两间厢房的梁架和屋顶翼角也保存得较为完好（图 11~ 图 15）。

图 10 客堂间西侧正贴梁柱

图 11 东次间为灶头间

图 12 东次间梁架

图 13 西厢房梁架 1

图 14 西厢房梁架 2

图 15 西厢房西南角的屋顶翼角

东夏村夏庄陆宅

陆宅位于石湖荡镇东夏村夏庄511号，建筑坐北朝南，原面宽三间，为一前后埭样式传统民居，现仅存前埭两间加后埭两间及已坍塌的龙腰（即厢房），由陆氏建于约百年前（图1）。

前埭四落戗形制，混筒脊，现东次间已拆除。前头屋七路头，十九豁（现存），外置退一路廊屋，泥地皮（图2）。原有八扇摇梗长门，现存其二。前头屋内部泥地皮（图3），正梁正中有方胜纹铁制蜂窠（图4），两侧则为花机，雕刻较好（图5）。后步柱下置一枋，后墙正中开一大门通往庭心，现门已不存，门框两边之下部有门当引子，按照本土之惯例，原应嵌有青石制门墩（图6）。上部门楹背后有花纹，有部分雕刻（图7）。

图1 夏庄村陆宅航拍图

图 2 前埭四落戗南立面

图 3 前头屋内一边贴

图 4 铁皮制蜂窠

图 5 花机

图 6 站在前头屋里看庭心

图 7 上部门楹背后的雕刻

庭心原有仄砖铺地，现杂草丛生，未知其原铺设之纹样（图 8）。

两侧龙腰原各一间，五路头，于靠近庭心处置半墙与较为普通的半窗（图 9）。现两侧龙腰已基本塌毁，但西龙腰可见其与后埭之间均设一抛厢庭心。

图 8 庭心

图 9 西侧龙腰

后埭硬山头，三段式混筒脊，各断脊之上则有花草制捏作纹样，部分屋面已坍塌，保存较差（图 10）。

客堂间九路头，二十一豁（图 11）。从其现存看，原外部配置应为四扇落地长窗（居中）与四扇半窗（各两扇位于两边），下部未见栏杆纹样，疑已毁。前廊柱与步柱之间各有一腰门，门框之纹样可见有本土工匠勾勒的痕迹。后三步梁下原设屏门，现已毁，上则为山垫板（图 12）。

图 10 后埭特写

图 11 客堂间内一边贴

图 12 后三步梁

现西次间已拆除，而东次间则予以保留。

据当地村民介绍，此前后埭老宅建于约百年前，陆氏先祖在当地虽不是什么名门望族，但也是较为富裕的大户人家，积累财富买屋造起一幢拥有不同屋脊的前后埭大宅院。该宅同一族人陆树声投身于近代教育事业，执教于夏庄私塾（或称学馆）。随着生活条件的改善，老宅传至几代之后，后代纷纷开始拆除原老宅部分，翻建新式房屋（图 13）。

陆宅，虽已残破不堪，且也已非常不完整，但其仍是松江地区乃至上海西部具有不同样式前后埭屋檐之典型实例（前埭四落戗，后埭硬山头），具有较高的建筑学术研究价值（车墩镇刘宅与其类似，但刘宅后埭建于石驳岸之上，建造工艺有所不同）。而能体现与其相同形制的老宅，笔者目前也仅见于松江西边的浙江嘉善县丁栅村沈宅（图 14）。但令人惋惜的是，该村庄现已大部分平移动迁，老宅的命运，未来的去向也不明。

图 13 陆宅俯瞰图

图 14 嘉善县丁栅村沈宅，构造形制与陆宅类似

南三村张宅

图 1 张宅

图 2 南三村张宅航拍图

张宅位于泖港镇南三村 6 队（原属五厍镇），建筑坐北朝南，面宽三间，原前后埭两厢房落厍屋形制，现存部分前埭、西厢房及后埭（图 1、图 2），由张氏建于民国戊辰年（1928 年）。

张宅前埭三架梁，高 3.13 米，三路进深 2.67 米。内部泥地皮，后墙壁有木制门框，原设有大门通往庭心，现已不存，但门框西侧青石门当仍存，下有须弥座，座上雕刻有花卉和鹿回头，“鹿”取“禄”之同音，寓意“受赐俸禄带回家”（图 3）。

西厢房屋脊已改造，铺上洋瓦，与庭心之间设四扇木制格子窗（图 4），其中一扇仍有原始的蠡壳残迹。原庭心有仄砖铺地，现由于此宅坍塌较为严重，瓦片掉落充斥庭心，原铺地已不可见。庭心进深 6.55 米。

后埭混筒三线雌毛脊，两边的脊饰大部分已毁，原客堂间设有葵式落地长窗，现已不存，仅在东次间可见一扇，其裙板雕刻花瓶花卉、果盘水果，寓意“平安富贵”，而中夹堂板雕有花卉图。客堂内部泥地皮，九路十九豁。第一路与第二路之间设鹤颈轩一座，轩下两侧有花卉图案机头，下设坐斗与轩梁相连，而其轩梁与荷包梁均雕刻有花卉，轩梁下设梁垫固定，荷包梁下有脐眼。从第二路伊始，各柱之间均有骆驼川相连，下设梁垫，不过与普通的穿斗式老宅不同，其两边的梁架采用“挑金贴”做法，即用跨两路的大型骆驼川连接中柱与步柱，不设金柱（同样的做法运用于张庄村金宅及兴旺村张宅、计宅之上）。各骆驼川上均有花卉雕刻，其中以跨两路大骆驼川为最多，其中间还刻有“寿”字，寓意“长寿富贵”。各桁条下均有“箭头”形状机头，其中正梁与两边二步梁下均设斗拱。正梁正中有蜂窠，其方胜内部原贴有书写有吉祥语（如“福寿”）的红纸，现已毁。后步柱处设屏门，原枋上挂牌匾处两边原有红纸张贴，现均已风化，辨识不清，仅东侧一行小字依稀辨识出为“民国戊辰年 X 秋”。据此可判断原房屋可能完工于民国戊辰年，即 1928 年。客堂间面宽 4.1 米，九路进深 9.5 米，高 5.69 米，在前后埭落厍屋的尺寸中，其后埭规模较大（图 5）。

图 3 张宅门当鹿回头石雕

图 4 西厢房格子窗

图 4 张宅客堂内部

根据该宅主人介绍，其祖上以躬耕为业，历经辛勤劳作，积累了一定钱财，加之人丁兴旺，故买来建房材料，请当地的工匠造此前后埭落库屋，20 世纪 90 年代由于要翻建现代楼房，前埭一部分及东厢房被拆除。

张宅，虽从外观上较为普通，保存状况也不佳，但其内部梁架较为精美，在木雕不多见的落库屋中，已属上品，是研究松江乡村传统建筑木雕不可多得的实例。值得一提的是，其客堂间内部有翻轩，在松江地区现存的落库屋中，实属罕见，对研究当地的传统建筑有一定价值。张宅平面示意图见图 5。

次间
前头屋
次间
厢房（龙腰）
庭心
厢房（龙腰）
次间
墙门间
（三架梁）
次间

图 5 张宅平面示意图（虚线处为拆除部分）

兴旺村张宅

张宅位于泖港镇兴旺村2队（原属五厍镇），建筑坐北朝南，面宽三间，硬山头形制，原为四进深大宅院，现仅存倒数第二进正厅，由张氏建于清末（图1）。

图1张宅

屋脊原为混筒三线哺鸡脊，现各哺鸡头均已损坏。客堂面宽4.2米，原设落地长窗，现已不存，内部原为方砖铺地，现已铺上水泥，九路十九豁，高5.223米，九路进深8.98米，规模较大。第一路两侧廊柱置云头，雕刻有八仙中的“曹国舅”“张果老”“何仙姑”“韩湘子”。第一路与第二路之间设鹤颈轩一座，两边轩下有荷包梁，下有肚脐，其中西侧荷包梁刻有八仙中的“汉钟离”和“蓝采和”，而东侧则被糊上纸筋石灰，但是其雕刻与两侧云头相加可知，东侧荷包梁上人物应为“吕洞宾”和“铁拐李”，这四幅雕刻就描绘出了“八仙过海”的景象（图2）。两根轩桁下有两个花卉图案机头，机头下设坐斗与轩梁相连，外侧有凤头昂构件。两侧轩梁雕刻有《三国》故事的武戏，分别为“潼关之战曹操割须弃袍，幸得曹洪救驾”（西侧）和“张飞夜战马超”（东侧），下设花卉雕刻梁垫。两侧轩梁夹底两端有如意头纹饰，中间雕刻有古代人物故事“状元及第”（图3）。两侧腰门门框雕刻也极为考究，门框四角雕刻有“蝙蝠”，四周门框均有雕刻组合，有“花卉”“卷草”“暗八仙”等。从第二路至第七路，各柱之间均有骆驼川相连，下设梁垫，并有线条勾勒的金川夹底，不过与普通穿斗式老宅不同的是，与南三村张宅一样，两边梁架采用“挑金贴”做法，不设金柱，各骆驼川均有花卉样式雕刻，此外，跨两路大骆驼川正中间还有“寿”字雕刻，有“长寿富贵”之意。从第三路至第七路梁下两边均有“箭头”式样机头，第三至第六路梁下有斗拱与坐斗与木柱相连，而第三、第四、第六路除这些构件之外，还有寒梢栱与拔亥固定（图4）。正梁两边有山雾云、抱梁云，后者有一定雕刻，外侧有脊机固定（图5），中间蜂窠保存完好，方胜上所贴的纸张已缺失。后三步梁下原设屏门，挂有牌匾，现均已不存，屏门上方的梁枋两端有回字纹雕刻。客堂后原有门通往第四进，现已拆除。

两次间设有阁楼，两边开有小窗，次间后设不同样式木窗，其中西次间为和合窗，东次间为普通格子窗。两侧墙壁有粉刷，西侧墙壁仍依稀可见固定墙体的“铁扁担”。

据此宅后人介绍，此屋建造至今近150年，由于此宅后人人丁兴旺，又有一定财富，共建造四进深大宅院，而此宅的东北方不远则是原老五厍老街。改革开放后，因为住宅建设的需要，陆陆续续拆除三进，翻建农村楼房，仅第三进正堂得以保留。

张宅为松江乡村极为罕见的木雕极其丰富的老宅，从木雕数量来说，可谓是现存松江乡村老宅之首，极富建筑结构、建筑历史、木雕艺术的研究价值。

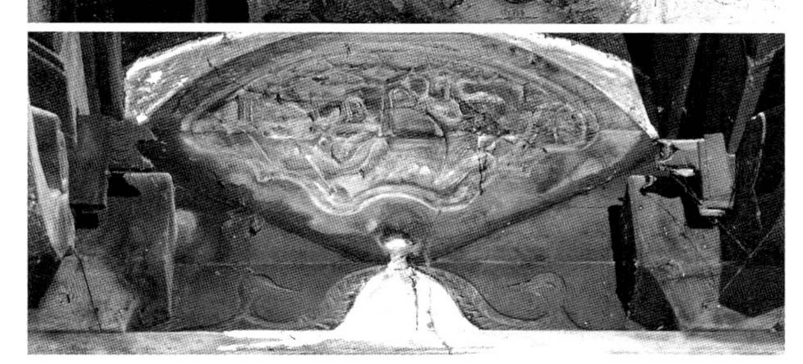

图2 “八仙过海”中的“六仙”

图3 两侧轩梁特写

图4 客堂内部一边贴

图5 山雾云、抱梁云特写

徐厍村徐宅

徐宅位于泖港镇徐厍村1队（原属五厍镇），建筑坐北朝南，面宽三间，一正两厢房落厍屋形制，这种形制在当地称作“一埭两龙腰”，由陈氏建于民国初期，现保存完好（图1、图2）。

徐宅前头屋屋檐下设廊屋，进深1.5米，设八扇门，门框上部中间镂空雕刻有“铜钱”图案，前头屋内部原为泥地皮，现已铺上水泥，七路二十一豁，内部木梁架构较为朴素，仅正梁下有“箭头”式样机头装饰（图3）。前头屋面宽4.5米，内部六路进深5.62米，高4.62米，后墙壁有门通往庭心。庭心原有砖铺地，现已浇上水泥，原貌已不存。东次间面宽4.45米，西次间为4.3米，东西厢房内部为五路头，两厢房之间有一堵墙相连，形成一个合院结构，庭心进深5.53米。

据此宅现主人介绍，原宅主陈氏也是普通人家，当初积累了一些财富，建起一座规模不大，但较完整的一正两厢房院落，20世纪90年代，售予现主人徐氏，故笔者在本文称为之徐宅。

徐宅，虽内部较为朴素，规模也不算很大，但其为现存松江乡村一幢不可多得的较为完整，并基本保持原貌的一正

图1 徐厍村徐宅航拍图

两厢房落厍屋，可作为松江乡村的“一埭两龙腰”之典型古建筑加以保护，其对研究松江乡村古建筑的形制、建造工艺有一定的研究价值。值得一提的是，此屋在内部形制上与古场村谢宅相同，只不过此宅屋脊是落厍屋造法，而谢宅为硬山顶造法（因为要造沪苏高铁，硬山头谢宅已拆除），而与五村的“落厍屋谢宅”，在屋脊建造工艺、形制上均较为相似，只不过落厍屋谢宅为“半包廊”结构，且厢房与后墙的屋脊做成“观音兜”结构，则在细节方面与此宅略有不同。

徐宅平面示意图见图 4。

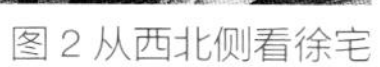

图 2 从西北侧看徐宅

图 3 徐宅内部木梁架

厢房（龙腰）	庭心	厢房（龙腰）
次间	前头屋 廊屋	次间

图 4 徐宅平面示意图

曹家浜村唐宅

唐宅位于泖港镇曹家浜村 9 队（原属五厍镇），建筑坐西北朝东南，正屋面宽五间，硬山头形制，原为前后埭带东西小屋的大宅院，现存前埭、庭心和东侧小屋，由唐氏建于清末。前埭为混筒三线哺鸡脊，现西半边已修缮，东半边仍维持原貌（图 1、图 2）。

前客堂设退两路廊屋，廊屋为小青砖铺地（图 3）。

客堂外部原有摇梗大门，现已不存，上槛、木枋上各设有四个双门楹，其上下门楹位置均平行，这样就形成了双层门楹，使大门的摇梗安装起来更为牢固，这在松江现存的农村老房子中较少见，大多数基本就只有一层门楹。上槛木枋上端正中有花卉式样透气孔，未辨识其意（图 4）。

前客堂内部地面铺法不尽相同，其中原设屏门处（即北三步梁处）以南为小青砖铺地，以北则较为考究，铺设方砖（图 5）。

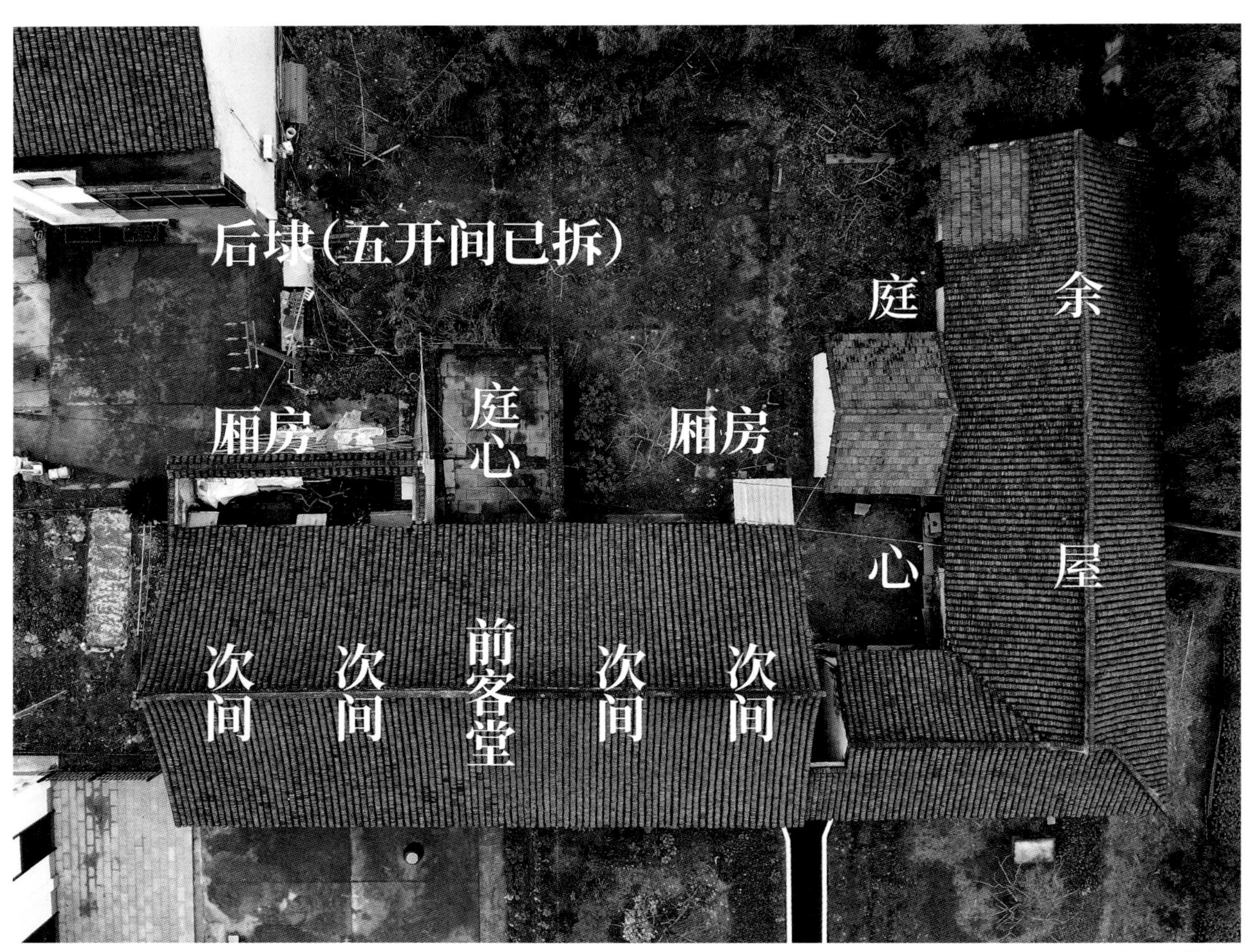

图 1 曹家浜村唐宅航拍图

图 2 唐宅南立面

图 3 前客堂内部梁架，为九路头

图 4 前客堂上部透气孔镂雕

图 5 前客堂内部

客堂梁架为九路二十一豁，正梁两侧有两块圆形木板，板上有一定线条勾勒，这在松江乡村似乎并不多见，笔者在青浦乡村有看见过类似样式，正中有方胜纹蜂窠，两侧下部有箭头式样机头。客堂面宽 4.45 米，九路进深 8.88 米（其中廊屋进深 2.31），高 5.2 米。前埭的进深与高度，在松江乡村古建筑中也可谓是“佼佼者”（更多的前埭为七路头）。

前客堂后两边原有撑墙，现东边仍存，西侧已改造仅存一部分。庭心为花岗石地坪，且仍保存有泄水孔（图 6）。庭心进深 6.84 米。

图 6 站在唐宅原后埭看庭心与前埭，可见该宅为规格较高的花岗石庭心铺地，俗称“石地皮”

后埭已完全拆除，仅存街沿石。

东次间设廊与小屋相连，现存小屋为一折角形制。其东西与南北向小屋屋檐形成一个歇山样貌。其中东西向小屋为五路头，南北向则为七路，并开设万字纹和合窗。该宅五开间面宽 21.25 米，现存全长 33.3 米。从测量数据来看，堪称松江乡村现存体量之最。

据原主人后代介绍，此宅建于 1906 年，主人唐氏为当地几乎最有实力的人家，有较多田地。建造时为五开间前后埭硬山头老宅，并有仪门，且东西两侧均有小屋围绕。其中前埭为九路头，后埭仍九路且略高，取“后发”之意。后客堂体量较大，但雕刻不多。该宅落成后，为当时村里体量最大的老宅，堪称首宅。新中国成立后，该宅曾办过工厂，后归还。随着居住环境的改善与农村生活的慢慢富足，20 世纪八九十年代，唐家后人陆陆续续拆除后埭、厢房与西侧小屋，在附近翻建楼房。

唐宅为松江乡村现存五开间硬山头老宅的实例，其体量较大，规格较高，具有较高的历史价值与研究价值，是研究当地农村古建筑与地方历史的“活化石”（图 7）。令人庆幸的是，虽然该宅所在的村庄正在推行集中居住的政策，但是此宅已引起当地村委会重视，未来有可能被保留，作为农村历史建筑的实例进行开发与保护。

图 7 站在西南侧看唐宅

东勤村 7 号孙宅

当松江区叶榭镇的“八十八亩田”获评上海市五星级乡村民宿而成为网红热点，游客在那里品尝糯糯的叶榭软糕和美味的张泽羊肉时，却不曾想到在距它往北三公里处的乡村隐藏着一幢松江乡村地区最美民居——东勤村 7 号孙宅（图 1、图 2、图 3）。它像璞玉一样静静地等待着人们的关注。

这幢老宅位于上海市松江区叶榭镇东勤村。屋主为一对老年夫妇，据房东阿婆介绍，房子为祖父辈在新中国成立前建造，房龄 90 多年。此民居五开间，是松江乡村现存开间最大的民居之一。此宅外观大方，保存状况优良，是松江乡村传统民居的杰出代表。在 20 世纪 90 年代，为改善居住条件，此宅翻新了门窗，2019 年屋主为响应美丽乡村建设，翻新了屋顶瓦片，内外墙面重新粉刷，让老宅焕发了青春。

它坐北朝南，主屋面阔五间，砖木结构，单埭头形制平房，平面呈曲尺形，其东侧有后建的坐东朝西的小屋四间。屋顶采用了歇山顶式样，一条正脊，四条垂脊和四条戗脊，当地人称为“硬落厍”。沿屋面转折处或屋面与墙面、梁架相交处，用瓦、砖、灰材等砌成砌筑物，称为“屋脊”，起防火和装饰作用。因一条正脊太长，所以分成了三段，增加了韵律和美感。正脊为混筒三线哺鸡脊，正脊正中有卷草纹纹饰而其垂脊、戗脊均有哺鸡头，这样整个屋脊共有 12 个哺鸡头，堪称“松江乡村最多哺鸡头老宅”。

图 1 从西侧远看大屋

图 2 大屋正面

图 3 从东侧看大屋

现存的歇山顶民居主要分布于上海的浦东、嘉定、闵行、奉贤等地，而在落厍屋“大行其道”的松江，这种式样的房子显得尤为珍贵。这种屋顶造型优美活泼，被广泛用于皇家建筑、庙堂建筑和园林建筑。歇山顶的正脊比两端山墙之间的距离要短，因而歇山式屋顶是在上部的正脊和两条垂脊间形成一个三角形的垂直区域，称为“山花”。在山花之下是梯形的屋面将正脊两端的屋顶覆盖。歇山顶与庑殿顶相比较，屋顶垂脊与戗脊相交多了一个折角，就像屋顶正脊两头装了两只肩胛，本地匠人又把歇山顶称为“落厍装肩”。孙宅的山花为仿悬鱼式灰塑（图 4、图 5）。

图 4 孙宅的“哺鸡脊”和“山花”

图 5 屋顶局部

屋顶上方为扇形花边瓦，下方为月牙形滴水瓦，装饰图案为寿字纹和花草纹（图 6）。

为完善住宅的实用功能，大屋东侧增建了一组小屋，两大两小共四间。南面两小间，一间用于存放农具和杂物，一间为鸡舍。北面两间与大屋东墙围成一个小院，增加了私密性，院内堆放了灶头烧火用的木柴，小屋现用来存放杂物（图 7、图 8）。

大屋前方有一片场地，本地俗称打谷场，丰收时节用来处理农作物（图 9）。

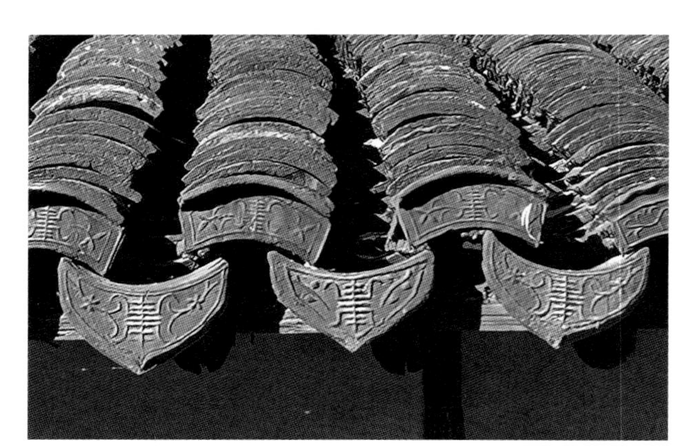

图 6 花边瓦和滴水瓦

图 7 大屋东侧增建的一组小屋

图 8 东侧小院内景

图 9 大屋前方打谷场

隔着小河从北侧看大屋，西侧墙边留了小路通向北部的小河，留存了水桥，周边种了蔬菜果树，大屋后还有一片竹林，有着浓浓的水乡意境（图 10）。河埠头，简称河埠，也被称为水码头、水桥、河桥、河步等。河埠和码头就是停靠船只的石头台阶，它同石驳岸融为一体，傍岸铺设整齐的石块，并用石条垒成台阶。江南水乡，有河就有河埠，有河埠就有村庄，河埠是江南水乡活生生的窗口，是人们日常取水、洗涤物品的所在，在交通不发达的过去，河埠头就是水上运输的起点和终点，是经贸活动的重要一环。

孙宅客堂间大门为主入口，大门由六扇落地摇梗长门组成。（图 11、图 12）

图 10 隔着小河浜从北侧看大屋

图 11 客堂间正面

图 12 摇梗长门近景

客堂间陈设比较简单，八仙桌靠东墙中央摆放，门口两边随意摆放着几把靠背椅和竹椅（图 13）。在客堂间可以看到此建筑的结构形式为穿斗式构架（图 14）。穿斗式构架的特点是柱子较细、较密，每根柱子上顶一根桁条（本地人称为“梁木”），柱与柱之间用川枋榫卯连接，连成一个整体。采用穿斗式构架，可以用较小的材料建筑较大的房屋，而且其网状的构造也很牢固。不过因为柱子和枋木较多，室内不能形成连通的大空间。客堂间东西两面墙，都可以看到细长的柱子，柱柱根根落地，单边共七根，所以此建筑进深为七路头。开间的度量单位是“豁”，也叫“发”。“一豁”即指屋面上两根椽子之间的一个空档，也约为屋面上块望砖（望板）的长度，每豁大约在 23 厘米。通常一个开间的面宽会有十七至二十三豁，客堂比次间、梢间的豁数会多一些。此宅客堂有 22 根椽子，为二十一豁的开间，面阔约 4.8 米。此宅梁架保存良好，是屋主老伯伯常年用桐油抹刷的结果。

图 13 客堂间全貌

图 14 客堂间东侧正贴

与客堂间相邻的房间称为次间，东边的叫东次间，西边的叫西次间，两头与次间相邻的房间称为稍间，本地话称为“落叶”。一般中式古建筑以东为贵，所以东次间为长辈房间，西次间为小辈房间。现在东西次间和东梢间都为卧室。

从左向右，五间房间分别为：西落叶、西次间、客堂间、东次间、东落叶。

屋内北侧设有内过道，隔墙上开设了四扇腰门，使五房相通，关上腰门又能分隔成为独立空间（图 15）。

此民居西次间为灶头间，为方便进出在南侧另开一门（图 16、图 17、图 18）。

西次间被一隔为二，前半间为卧室，后半间为吃饭间（图 19）。东西次间顶部安装有木制阁楼，主要能起到夏天隔热，冬天保暖的效果。这样的阁楼通风采光都不好，没有固定的楼梯，要用移动的直梯上下，一般不住人，可用来存放换季的被褥和衣物。

图 15 五房相通的内过道

图 16 西次间正面

图 17 灶头间内景

图 18 灶头间屋顶梁架

图 19 吃饭间

此宅也算是“小有名气”。早在 20 世纪末，松江文化馆的徐桂林老师就在《松江老宅》一书中拍摄了此宅（图 20）。

而在 2018 年伊始，老宅正式对村里的党员群众开放，并在前屋内悬挂有“乡村客堂间”牌匾，俨然成为一个小小的乡村“景点”，对外开放。

孙宅为松江乡村地区现存保存最好、形制最完整和规模最大的歇山顶民居，对于研究松江当地的人文历史、建筑风貌和农耕文化有着重要的价值。

图 20《松江老宅》一书中的孙宅

井凌桥村封氏来凤堂

封氏来凤堂（图 1）在叶榭镇井凌桥村原兴溇地区，浦南望族封氏世代定居于此，世称“封家埭”。村里原有两座规模庞大的封姓宅邸，西边一座为封姓武举人所有，乡民称之为“西辕门”；东边一座是乡贤封文权先生旧居，称为“东辕门”。“辕门”是张泽当地封氏对乡绅宅邸的一种敬称。

“东辕门”为四进深大宅院，坐北朝南，门前修有广场。第一进为墙门间，面阔五间，硬山顶，小青瓦屋面。大门入口两侧安有抱鼓石，墙门间北侧建有仪门，装饰有精美的砖雕。第二进为茶厅，两进之间的大庭心用屏风墙分隔成三个小庭心，正中间的庭心两侧墙上都装饰有砖雕和壁画。第三进为客堂，是整个老宅里最高大的建筑，据族人回忆，客堂屋顶后部梁下高高地挂着一块木质牌匾，上书堂号“来凤堂”。“来凤”一词出自《尚书・益稷》：“箫韶九成，凤凰来仪。”，“有凤来仪”说的是凤凰飞来起舞，仪态优美，用来比喻吉祥和祥瑞，还用来比喻杰出人物的降临。第四进为楼厅，是一排两层楼房。楼厅俗称为“女厅”，系二层建筑。楼上为卧房区，为家眷生活起居场所；楼底下则是女主人接待女性客人的地方，厅内的陈设比客堂要简单。将女厅放置最终一进，也能体现封建制度下，男女有别，妇女地位低人一等。因为封家几代人都喜欢收藏古籍，所以把第四进的楼厅改建成了藏书楼，取名“篑进斋”。藏书楼北侧紧邻河道，封家把河岸建成石驳岸，还把河道从西侧沿着藏书楼山墙引入到庭院内并建了水桥，顶部建了阁楼，这种建在室内淋不到雨的水桥，松江人称其为“屋里滩渡”，既方便了水路交通，船舶能直接停靠到家里，也方便家庭的日常用水。对于藏书楼而言，三面临水也起到了防盗防火的作用，真可谓用心良苦，设计巧妙。

1860 年（清咸丰十年）和 1862 年（清同治元年）太平军两次进攻上海，松江地区成了战场，百姓遭殃，生灵涂炭，兵锋所至，损毁房屋无数。封家埭也不幸卷入战火，封氏祠堂就毁于兵祸，封家老宅幸免于难。为了保护藏书，封家把书箱安置在楼厅夹墙内，所幸藏书得以保全免遭毁损。除了藏书，封氏家族非常重视家族子弟的教育，开设了多处私塾，如清朝光绪年间，在张泽镇兴仁街由封棣创办的“封氏家塾”；1921 年，封文权先生也在来凤堂开设私塾，并兼塾师授课。在 1937 年日军侵略中国前夕，封文权老先生为躲避战乱举家迁往松江城内居住，于 1943 年逝世。

1949 年 5 月 13 日，张泽地区解放，9 月新成立的南村乡政府就征用了封家老宅作为办公场所。老宅门前的广场就成了集会和民兵操练的场所。1950 年，封氏藏书由封文权的几个儿子捐献给了国家。1957 年 8 月，政府精简机构，小乡合并成新的张泽乡，南村乡撤销，办公人员搬出老宅。老宅的前三进空房子就此分给了没有住房的贫下中农和退伍的志愿军老兵。始创于 1915 年的兴溇小学在 1959 年秋搬进了藏书楼，方便了周边的农家子弟就近入学，共有 5 个班级，学生 200 余人，藏书楼继续着文化的传承。

“文化大革命”时期，红卫兵认为封家老宅是封建制度的残余，应该被彻底铲除，由于封家老宅的住宅部分已经分配给了贫下中农和志愿军老兵不便拆除，于是就盯上了第四进的藏书楼。1967 年，兴溇小学从藏书楼迁出，搬到了村东首新建的校舍，于是藏书楼成了封家老宅第一个被拆除的建筑，楼房拆完连下面的石驳岸都没有放过，连石头也被搬得一干二净，最后连地基下的木桩都被一根根拔起，一代名楼“篑进斋”就此消失。后来由于各种各样的原因，封家老宅剩余的前三进房屋也陆续被拆除，到 20 世纪 80 年代初已经面目全非，直至夷为平地，封氏族人又陆续在原址建起了新式楼房。

老宅的故事并没有到此结束，1986 年根据以封尊五先生为首的封老的后代提供的草图，县博物馆在老宅的废墟地下挖出来 7 罐珍宝，由封家后代全部捐献给了国家。封家的这批珍宝包括：两罐印章，两罐古钱币，其余为字画和金银饰品等。这些宝贝都是封家前辈的珍藏，于 1937 年日军入侵松江前埋藏在老宅的庭院里，后封老举家迁往城内避难。1943 年封老临终前把藏宝草图移交给了儿子，后来由于种种原因，宝藏一直未能取出。到了 20 世纪 80 年代，封老的几个儿子也已步入暮年，他们经商量后决定把宝藏捐献给国家，宝藏终于得以重见天日。“篑进斋”金石旧藏成了松江博物馆藏印的重要组成部分。据《松江年鉴 1987》的记载：1986 年 10 月 22 日上午 9 时许，在张泽乡已故著名藏书家封文权先生故宅的宅基上，由松江县文化局、公安局、张泽乡、县博物馆联合组织对封氏窖藏文物的发掘。经过约 5 个小时的挖掘，出土大小坛子 7 只，瓷罐 1 只。经清理，计有铜器、石砚、印章、古币、珠宝、银器、石刻等 737 件。这批文物为封文权先生偕子于抗战前夕，为免遭日本侵略军掳掠而埋入住宅地下，达半个世纪之久。经鉴定，这批窖藏文物中不少具有一定的历史、艺术和科学研究价值。有清代康熙年间的铜尺、铜量、铜权，是研究清初松江地方经济史的珍贵文物；有清代道光年间的青铜祭器，据封文权先生长子封尊五先生介绍，原系苏州文天祥祠内祭器，后流落至松江为封文权先生购藏；有 300 多方印章，其中 1 方为“金山巡检司”的铜官印，史料价值较高；有新莽的布币到明代各种钱币 213 枚，未经清理的各种钱币 238 公斤。这次发掘，系应封文权先生之子封用拙、封尊五、封章焜 1979 年以来多次表示捐献的愿望，并经周密的实地踏勘而组织的。1987 年 1 月 24 日，县人民政府举行了“封氏捐献窖藏文物授奖大会”，向封氏兄弟颁发了奖状和奖金。1986 年 12 月 15 日至 1987 年 2 月 15 日，县博物馆主办“封氏捐献窖藏文物陈列”，向社会公开展出。

图 1 封氏来凤堂复原图（由封氏后人制作并提供）

井凌桥村封氏祠堂

封氏祠堂（图 1）在叶榭镇井凌桥村原兴�村地区，浦南望族封氏世代定居于此，最终形成了封家埭，至今已有 450 年历史。封家埭原先还有一幢礼制建筑“封氏宗祠”。宗祠现已不存，好在封家的族谱保存完好，族谱名为《封氏世谱》，其中就有《封氏家庙记》的记载，我们一起通过文中的记录来了解一下封氏宗祠。

图 1 封氏宗祠复原图（由封氏后人制作并提供）

祠堂是我国乡土建筑中的一种，属于礼制建筑，其最基本的功能就是祭祀祖先。同一族人通过建造祠堂，一起在祠堂里对祖先进行祭祀，让同姓族人的血亲关系得到延续，增强了宗族内部的凝聚力和亲和力。通过漫长的演变，祠堂里产生了祠堂文化，包含了祠堂建筑、祠堂陈列、祠堂产业、祭祀礼仪等许多方面，含有深厚的人文根基。

封氏宗祠原址在封家埭东首，由封氏五世祖封维忠（字翰臣，国学生。生于清顺治十三年，卒于清康熙五十九年）在清康熙年间始建，后毁于太平天国时期。封文权先生的父亲封涟（字鲁直，号筱溪，国学生。生于清道光九年，卒于清光绪十六年）感念祖上的恩德和他们经历过的艰苦岁月，为激发封氏后代对先辈的思念和孝道，准备重建祠堂，省吃俭用集下一笔不菲的资金，购买了砖瓦石料等材料，等到开工时却因年老病亡，留下遗言，以未能恢复祠堂为憾事。封文权先生是孝子，看到父亲为复建祠堂操劳了数年，也有心复建祠堂，完成父亲的遗愿。他看到祠堂原址地基位置狭小，基础薄弱，就另选新址复建祠堂。新祠堂于清宣统庚戌年（1910 年）秋天开工，到第二年 7 月完工。

祠堂的布局，由厅堂、侧室、厨房、浴室、斋戒、盥洗等若干间组成。原封家祠堂中路最南面建有一座四柱三间冲

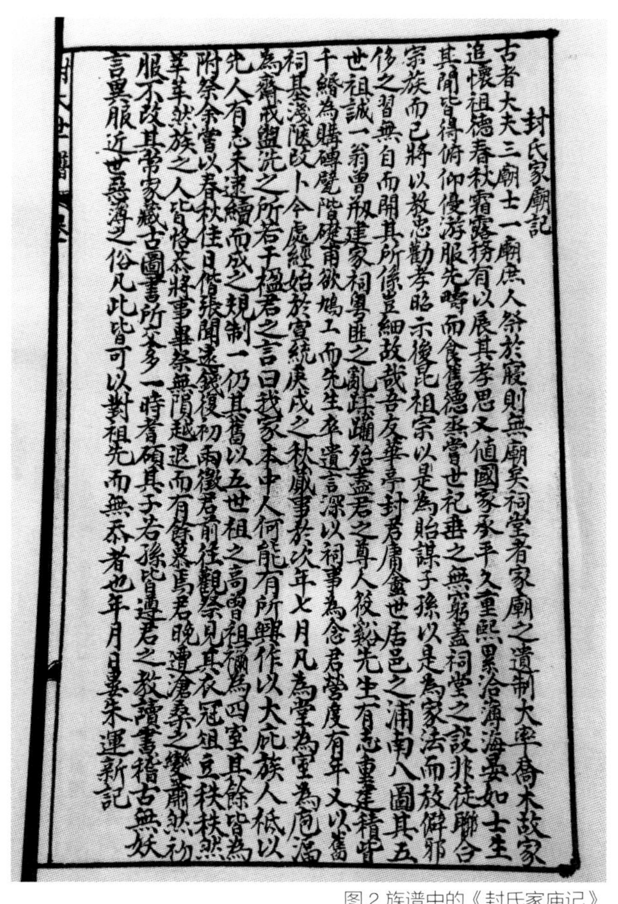
封氏家廟記

古者大夫三廟士一廟庶人祭於寢則無廟矣祠堂者家廟之遺制大率喬木故家追懷祖德春秋霜露務有以展其孝思又值國家承平久重熙累洽海寓晏如士生其間皆得俯仰優游服先疇而食舊德悉營世祀盡之無窮蓋祠堂之設非徒聯合宗族而已將以教忠勸孝昭示後昆祖宗以是為貽謀子孫以是為家法而放僻邪侈之習無自而開其所係豈細故哉吾友華亭封君肅畬世居邑之浦南八圖其五世祖誠一翁曾擬建家祠粵匪之亂踐躪殆盡君之尊人筱谿先生有志重建積貲千緡為購磚甓階礎甫欲鳩工而先生卒遺言深以祠事為念君營度有年又以舊祠基淺隘改卜今處經始於宣統庚戌之秋蕆事於次年七月凡為堂為室為庖湢為齋戒盥洗之所若干楹君之言曰我家本中人何能有所興作以大庇族人祇以先人有志未逮繼而成之規制一仍其舊以五世祖之高曾祖禰為四室其餘皆為附祭余嘗以春秋佳日偕張聞遠錢復初兩徵君前往觀祭見其衣冠俎豆秩秩然革革然族之人皆恪恭將事畢祭無隕越退而有餘慕焉君晚遭滄桑之變肅然衲服不改其常家藏古圖書所亦多一時耆碩其子若孫皆遵君之教讀書稽古無妖言異服近世澆漓之俗凡此皆可以對祖先而無忝者也年月日婁朱運新記

图 2 族谱中的《封氏家庙记》

天石牌坊，牌坊中间两柱前摆放了一对石狮子，穿过牌坊向北是祠堂门厅，门厅面阔三间，硬山顶。过了门厅再往北走就是祠堂的主体建筑了，为三开间前后埭砖木结构平房，因为封建礼制的限制，建筑规模不是很大。前埭为三开间二门也称“仪门”，东侧建有耳房三间，西侧建有侧室四间，仪门北侧建有抱厦式享堂。享堂是祭拜祖先时族人聚集的大厅。后埭为三开间厅堂，东侧建有侧室三间。前后埭之间东西都有廊屋相连，围合成一个开阔的院落。后埭中间正间为寝堂，寝堂主要用于供奉先贤牌位和族人祭祀祖先，是整个建筑里规格最高的建筑。

寝堂作为整个祠堂里最高等级的建筑，使用上等的材料建造，装饰有精美的雕饰，成为一个家族荣耀的象征。寝堂北部正中设一正龛，左右两边相对各设两个配龛。“龛”也称“神龛”，就是用来放置祖宗神主牌位的小阁，前面用帷幕掩饰。所谓“神主”，就是一块嵌在木制底座上的长方形小木牌，白底黑字或红底黄字，上面写着某某祖先名讳、生卒年月，原配和继配的姓氏，子、孙、曾孙名字，每一对祖先（夫妇）一块牌位。正龛放的神主是本家族的始祖，左右两边按左昭右穆次序，摆放家族现在的最长辈算起的祢、祖、曾祖、高祖四世的神主。始祖居中，东边（左昭）第一位为高祖，左边第二位为祖父，西边（右穆）第一位为曾祖，第二位为祢（古代对已在宗庙中立牌位的亡父的称谓）。超过四世的则将神主迁移到配龛上去，而始祖是始终不搬迁的，永远安放在正龛中央。这就是明清时期民间所讲的“百世不迁”和“五世则迁”。

修建祠堂还要注意周围环境的布局，因此封家在祠堂东侧建有小花园，种植了花草树木，还人工开挖了一个池塘。

祠堂的日常维护和祭祀仪式都需要经费支出。封氏祠堂拥有大约150亩的作为祠堂供养田的族田，这些田地都是由封文权先生一房捐献。经营这些族田所获得的收入除了提供祠堂的支出以外，还被用来救济家族内部的贫困家庭以及封家埭周边道路和桥梁的修建。

祭祀仪式既隆重又庄严，对于家族的每一人来讲是一件大事，对于家族而言是一次盛典。根据《封氏家庙记》里（图2）的描述：每年先祖祭祀，分为春秋二祭，都由封文权老先生亲自主持祭祀。祭祀前几日，无论服饰也好，祭品也罢，都要精心准备，主要祭品为“五牲”，即全猪、全羊、全鸭、全鸡和全鱼。祭祀前三日，参与祭祀人员都要沐浴斋戒，以示对祖先的尊敬。祭祀当日，先由主祭给列祖列宗烧高香，然后敬茶敬酒；行三献礼；执事人员向列祖列宗行三跪九叩拜礼；全体宗亲向列祖列宗三鞠躬；主祭恭读祭文。封氏各房参与的族人人数众多，都毕恭毕敬，有条不紊，次序井然，各人分管各项事务，直到祭祀仪式结束。

1937年日军进攻松江，封老先生一家为躲避战火，举家迁往松江城内居住，封家祠堂无人照看，新中国成立前，祠堂内办过小学。随着时间的推移，祠堂日益破败，最终被拆除。

同建村毛家汇周宅

周宅位于叶榭镇同建村毛家汇（原毛家汇村 6 队），建筑坐北朝南，面宽三间。前后埭形制，后埭东次间及两边厢房已毁，现存五间，由周氏建于清代（图 1、图 2）。

图 1 远望周宅

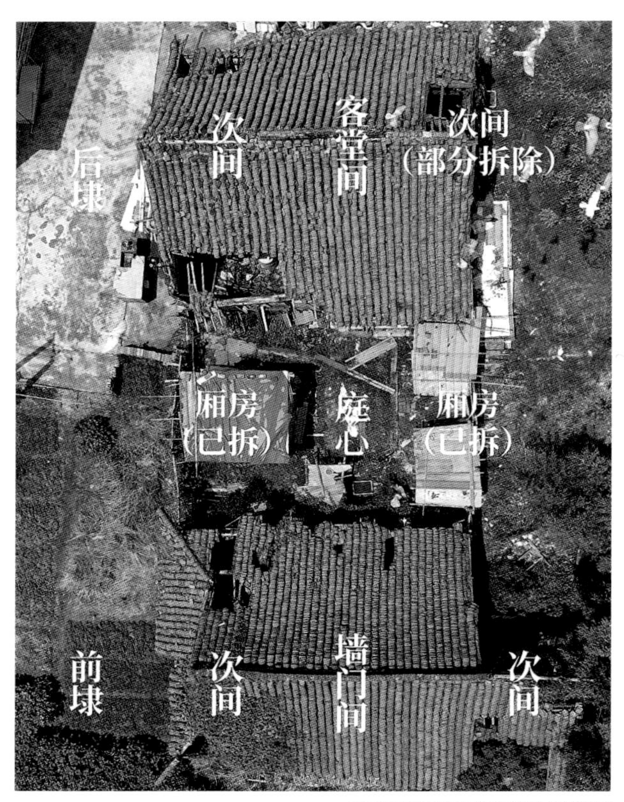

图 2 同建村毛家汇周宅航拍图

前埭歇山顶形制，当地人则称为“硬落厍”，墙门间原设两扇大门，现已不存，内部泥地皮，穿斗式，七路二十一豁，高 4.36 米，七路进深 7.10 米，东次间已摇摇欲坠，几乎坍塌，而西次间则保存完好，维持原先模样，为十九豁（图 3）。

后埭硬山头形制，当地人称为“硬贴头”，屋檐下阶沿石用料为青石，西次间外侧墙壁可见加固墙体的“铁扁担”，所砌砖头为常见的“八五砖”，砖上有“双钱”图案。前头屋原有四扇宫式落地窗，现仅存一扇还在使用，两边有格子窗，下设栏杆，其栏杆花结为人物木雕，但由于经历特殊年代，人物已毁坏，未能分辨其含义，腰门门框较为考究，有类似于“竹节”纹路。内部方砖铺地，七路二十一豁。两边各梁架有骆驼川与平川相连接（图 4），下设梁垫，其中第三到第五路各设两块平川，各骆驼川均有线条勾勒，起到了一定的装饰作用，第三至五路两侧均有花卉图案机头，其中有一处有“石榴”雕刻，寓意“花开富贵、多子多福”。正梁两边有山雾云，雕刻有“仙鹤祥云”，寓意“吉祥长寿”，中间的蜂窠保存完好，为方胜纹，内侧方胜两边有如意头铜条装饰。东北侧一些椽子已开始慢慢坍塌。前头屋高 4.528 米，面宽 4.55 米，七路进深 7.406 米，从数据上来看，该宅内部体量在松江乡村地区较大。西次间内设上阁，并开一扇小窗，十九豁，而东次间则已塌毁。

据该宅后人介绍，此宅建造时间已近 200 年，原为前后埭四厢房结构，通体十间，西有横屋，东有小屋，规模较大。原前埭后还有仪门，而建宅原主人以躬耕为业，并在原乡里有一定的声望，也有一定的财富积累，造了这幢前后埭大宅院。新中国成立后此宅曾被用作学校，大队仓库等。

周宅这种“前埭歇山顶，后埭硬山头”的形制在落库屋“大行其道”的上海西南部郊区农村极为罕见，对研究当地的传统建筑工艺建筑历史，有着非常重要的研究参考价值，也是不可多得的建造较早的古建筑的实例。值得一提的是，其前头屋内部在松江和上海西南部农村老宅中也是较为精美的，规格也较高（方砖地、骆驼川雕刻、山雾云栏杆花结、落地窗）。但是令人惋惜的是，此宅后埭已全部坍塌，笔者拍摄的照片，也是周宅全貌的最后身影了。周宅原貌平面示意图见图 5。

图 3 周宅前埭

图 4 周宅前头屋内部梁架图集

横屋	次间	前头屋	次间	小屋
	厢房	庭心	厢房	小屋
	次间	墙门间	次间	小屋

图 5 周宅原貌平面示意图

同建村铁塔俞宅

俞宅位于叶榭镇同建村铁塔660号(原铁塔6队),建筑坐北朝南,面宽三间,原为前后埭形制,由俞氏建于1950年(图1、图2)。

正埭落厍形制，前头屋外部设廊屋，内设两扇大门。前头屋内部原为泥地皮，现已浇筑水泥，七路十九豁，前后两侧步柱之间置枋，较为朴素，正梁正中原有铜皮制蜂窠，现两边方胜已毁。后廊柱与步柱之间设门通往两边厢房。前头屋面宽 4.22 米，内部六路进深 5.5 米，高 4.6 米（图 3）。

图 1 同建村铁塔俞宅

图 2 远望俞宅

图 3 前头屋梁架

庭心原貌已不存，现为砼制，两侧厢房为五路头，其中东厢房已剩一半，西厢房连接有一埭洋瓦屋脊的小屋（图 4）。

后埭五路头，现已不完整，拆除一半。西厢房与后埭的屋脊连接处设歇山顶护檐山一个。

据屋主介绍，此宅为其父辈建造，建造之初省吃俭用，积累了一些财富，买地买材料建起一幢具有一定规模的传统民居，建成之时为 1950 年，后由于住房翻建及各种因素，拆除东厢房及后埭一半，成为现样貌。

俞宅，为松江乡村现存不多的有一定规模的建于新中国成立后的老宅，其最大的特色就是后埭比前埭低，这在松江乡村现存的前后埭老宅中是较为罕见的。

此外，俞宅所在的原铁塔村，目前还有一些农村老宅留存。据《叶榭志》载："清代其北部马家、奉贤泾、河北属袁二十六图，东部湾里、吴金属二十八图，其余 5 个队均属袁二十七图。民国初期属泖浜乡，抗战后属袁庄乡。新中国成立初期属袁家乡，1956 年建立红星高级农业合作社，1958 年属第一营，1959 年 3 月改建红星大队，1984 年政社分设时，因其境内建有航空航标铁塔，以铁塔为村名。村原有湾里、吴家里、南宅、北宅、柳家里、袁家埭、新屋里、孔家浜、周家埭、肖家埭、缪家埭、袁家庙、夹朝埭、奉贤泾、马家埭、桥头埭、吴家油车等 18 个自然埭，建立 8 个生产队。1999 年 6 月，调整部分行政村区划，村并入同建村。"除此俞宅之外，笔者还拍摄到了两幢落厍屋，一幢位于奉贤泾以北，另一幢位于俞宅不远处的东边，两幢均为一埭头三开间，其中俞宅以东的落厍屋的正脊为刺毛脊，较为美观，且主人也姓俞，建造时间也比"前后埭"俞宅早（图 5、图 6）。这三幢老宅的存在，为研究松江叶榭镇的农村老宅提供了鲜明的样本与有利的佐证。

图 4 俞宅庭心

图 5 奉贤泾以北的落库屋

图 6 俞宅东面的落库屋

联建村陈宅

图 1 陈宅南立面

陈宅位于联建村 9 队，原为五开间带两小屋护檐歇山（即观音兜）式老宅，现西侧落檐已改造，由陈氏建于 1905 年（图 1）。

其正脊原为混筒三线哺鸡脊，原正中置显堂。由于经历特殊年代，除正脊西侧哺鸡头之外，均已毁（包括四条垂脊的哺鸡头），而中间的显堂则被人为用水泥糊住，未见其原貌，正脊两端置护檐山头（即观音兜），显得较为美观。原宅院外墙有一圈戗篱笆作保护，由于年代久远，已不存（图 2）。

图 2 屋脊特写

客堂间设六扇摇梗长门，面宽 4.1 米，内部泥地皮，七路十九豁，与前段所述的孙宅一样，两侧正梁下设三角形木板，较为朴素。后墙壁设四扇宫式万字纹和合窗四扇。客堂七路进深 6.9 米，高 4.5 米（图 3、图 4、图 5）。

据原主人后代介绍，此屋建于 1905 年，即清末，原主人陈氏为当地较有名望的乡绅，当时做过保长，故有一定实力造此五开间带落脚小屋的宅院，原西侧有两间落脚小屋，东小屋养牛，西小屋养猪。新中国成立后，原西侧落檐被拆除，造小屋与原落脚小屋与西次间相连（图 6）。

陈宅为松江乡村仅存的较完整护檐歇山顶老宅之一，具有一定的研究与保存价值。但是与前文所述的孙宅不同的是，此屋保存状况不算太好，且附近农村正在拆迁，有面临拆除的风险。但据现主人介绍，此宅有可能保留，作为未来进行乡村旅游的一个景点对外开放。陈宅平面示意图见图 6。

图 3 客堂一边贴

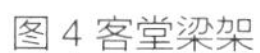

图 4 客堂梁架

图 5 和合窗特写

小屋（养猪）	小屋（养牛）	梢间	次间	正间	客堂	正间	次间	梢间

图 6 陈宅平面示意图

长溇村刘宅

刘宅位于车墩镇长溇村1队（原属华阳镇），建筑坐北朝南，面宽三间，原为前后埭形制，现后埭已改造，东厢房已拆，由刘氏建于清代（图1）。

图1 刘宅南立面

前埭落厍屋形制，墙门间屋檐下设廊屋，内设两扇实木大门。内部原为泥地皮，现已水泥浇灌，七路二十一豁，前步柱至后步柱之间均有小型骆驼川相连，下设梁垫（图2）。正梁与两边头步梁两侧均有箭头图案机头。墙门间原为木门通往庭心，现改为原后埭客堂间的雕花落地长窗，其雕刻较为精美，两裙板雕刻有古代文房雅物：古琴、书卷、鼎等，而花瓶上插有盛开的花卉，寓意“平安富贵”；中夹堂板雕有不同样式花卉，或为莲花与牡丹，莲花为“出淤泥而不染，濯清涟而不妖”，寓意“清廉、圣洁”，而牡丹则寓意“高洁、高贵”；下夹堂有回字纹如意钩子头雕刻，两边窗上结子有卷草、花卉、寿桃、石榴等分布在四周，寓意“多子多福、长寿、连绵不绝”（图3）。

庭心原有砖铺地，现已浇筑水泥，已不存，西厢房内部已基本改造，仅外部保留形制。后埭后已临近宅沟，故用石驳岸垒成地基，并在此基础上建后埭，现后埭已改造，失去原风貌，但石驳岸基仍存，保留原貌（图4）。

据屋主后人介绍，此宅建造时间较长，约建于160年前，原宅主为当地有一定影响力，并有一定财富的乡绅，初建此宅之时，购买了一些花岗岩石材，通过船运运至当地，请匠人在宅沟上垒石为基，建造起硬山头后埭。从现存的石驳岸基来看，确实在建此宅时花了一定财力物力。

刘宅为松江东南部现存为数不多的具一定规模的老宅之一，对于研究当地传统民居、村落分布有着一定的价值，而据笔者较为懂“断代”的朋友来看，此宅在现存落厍屋形制的老宅之中，建造时间较早。按照本土传统民居的规律，一般较早的民居较为朴素，基本无雕刻，某些建筑工艺也没有后期那么成熟，即使有雕刻也多以线条或几何纹饰为主（仅仅一家之言，只是猜测）。值得一提的是，刘宅后埭地基造在石驳岸之上，在松江现存的乡村民居中较为罕见。

图 2 刘宅内部梁架

图 3 精美的落地长窗

图 4 后埭，可见该宅建于石驳岸之上

高桥村潘宅

潘宅位于车墩镇高桥村 11 队，建筑坐北朝南，面阔五间，歇山顶楼房形制，前后一层均设披，宅旁有宅沟环绕，原为前后埭平楼结合，现存一幢楼房，建于清末民初（图 1、图 2）。

图 1 潘宅东北侧立面

图 2 潘宅北面

楼房外部可见原建造时的老木窗大部分已改作铝合金移动窗，仅第二层的西次间、落叶系老木窗原物，外墙南北边侧均设收廊式披屋，形成廊沿结构（或为重檐结构），这在下雨之时更方便躲雨，天热之时更方便遮阳，而廊沿结构，像极了松江的四落檐形制的老房子中的廊屋，只不过四落檐的廊屋更朝里。东西两侧落檐有山花痕迹，外部墙壁显现出红砖砌出的砖墙，或在解放后经过不同程度的改动。而内部风貌均已毁坏，五开间楼房每间均已租给不同人家，一层客堂间内部木楼梯、木栏杆为原物，保存较好，租住在此宅的租客们通过此木楼梯上下楼（图 3）。

据租住在此屋内的当地村民介绍，此宅原主人姓潘，为当地小有财富的以躬耕为业的富足人家，由于人丁兴旺，且实力较为雄厚，故建起一幢大宅院，原为前后埭平楼结合，前埭为五开间硬山头平房，东西两边接有厢房，中有砖铺庭心，后埭则为一埭五开间歇山顶砖木结构楼房，在“四落檐”房子“大行其道”的当地，有一幢楼房矗立，显得极为壮观。新中国成立后，由于潘家的“地主”身份，房屋收归集体，曾在 20 世纪 50 年代至 80 年代之时，用作大队部等，后拆除前埭与厢房，剩此楼房至今。如今周围已拆迁，此宅附近作停车场之用，由于此楼房还有一些房客租住于此，故暂且保留。

潘宅为松江乡村极为罕见的老楼房之一，造型较为美观、开间较大，完全不输集镇的楼房，具有很高的历史和建筑价值。而在车墩镇日渐发展的今天，潘宅作为当地的传统民居显得更为弥足珍贵。要是有机会，可以进行保护修缮，改建成为当地的民俗民风展览馆，或许可以成为整个车墩地区一道亮丽的风景线！

图 3 潘宅内部楼梯

江秋村虞宅

图 1 虞宅

图 2 前头屋内部梁架

虞宅位于佘山镇江秋村河西队，建筑坐北朝南，面宽三间，一埭头硬山头形制，其正脊为三段式混筒三线脊，原有哺鸡头，现均已损坏，由虞家建于民国初年，有百余年历史（图 1）。

前头屋出檐与次间不同，其出檐较远，有两扇大门。内部泥地皮，九路二十一豁，每路川下均有平川夹底。面宽 4.46 米，进深 9.2 米，为抬梁穿斗结合结构（即有"挑金贴"做法），其第三路至第五路、第五路与第七路为穿斗结构，层高 5.8 米（图 2）。正梁下方有箭头样式机头，两侧雕刻有花卉图案山雾云，中间的蜂窠较为精美，为双寿字纹与花卉的结合体，寓意"健康长寿、花开富贵"

（图3）。两侧腰门做工较精，门框有线条勾勒，保存完好。宅北有河沟，故在前头屋后开一扇门，这样在当时既方便了主人日常洗漱生活，也可直接从前头屋后走到河边上船出行，增加便利。

两边次间内部设阁楼，增加了使用面积，主人可从前头屋的楼梯上阁楼，当初建造之时，在次间南边一层设披，在其上部开窗，这样就保证了次间的采光。

据虞宅后人介绍，此屋为其爷爷所建，当初以躬耕为业，积累了一定财富，建此硬山头老宅，后于1952年逝世，在宅西约五十米有其坟，上书虞霭云字样。

虞宅为松江乡村三开间硬山头的代表之一，虽规模不大，但其层高较高，从高度上看，比普通的传统民居的平房高不少，进深较宽，为九路进深，内部装饰较好，除不多见的山雾云外，其花卉及团寿字样蜂窠在整个松江乡村也是罕见的。如此精美的蜂窠，笔者仅在浦东地区的乡村老宅中有所见，故此宅不失为乡村老宅的精品，对研究当地的古建筑艺术、古建筑结构有着一定的价值。值得一提的是，此宅所在的村庄处于两区交界，北面即为青浦区，也是妥妥的“边界老宅”了。

图3 前头屋内部木架细节

陈坊村吴宅

图 1 吴宅庭院大门

陈坊村位于松江区佘山镇的中部，1960 年代初成立陈坊生产大队，因毗邻陈坊桥集镇而得名，后改名为陈坊村，由数个自然村落如姜介村、桥西南、桥西北、河北、兆其浜、杨溇村等组成。本文要介绍的吴宅就是陈坊村遗留的唯一一幢保存完好的乡村传统民居（图 1~ 图 3）。

陈坊村 122 号吴宅，坐北朝南，面阔三间，砖木结构平房，硬山顶，小青瓦屋面。客堂七路，二十一豁。老宅为吴世华老伯伯祖居，现在老伯夫妇和子女都居住在老宅南面新建的楼房里，老宅空置，用来堆放杂物。

据吴老伯介绍，老宅由其祖父吴星权于 1934 年建造，经历了 90 年风雨，未有大修，基本保持着原貌。吴氏一族在佘山当地属于大户人家，历代世居于此，旧时修有家谱，毁于 20 世纪 50 年代。吴星权 1896 年出生，少年时就离家到上海租界拜师学习厨艺，通过数年的刻苦学习，精通中餐西餐手艺，出师后辗转于租界内的多家饭店，一直干了二十多年。到了儿子成家立业的年纪，才辞去了工作返回家乡，拿出多年的积蓄，另选宅基地建造了这幢房子（本地人称为“出宅造”），作为儿子的婚房。回乡后的吴星权继续从事厨师行当，一直做到年老。因为吴星权厨艺高超，闻名于乡里，松江本地甚至青浦地区村民家的红白喜事都会来邀请他上门操办。靠着口碑，先后有多名本地青年慕名前来拜师学业。1980 年，吴星权以 95 岁的高龄在家中安详过世。

吴家的房子外观还是传统的式样，但是部分建筑构件和建筑材料在当时属于新式样，宅子外观及客堂间内貌目前保存得均很完好（图 4~图 14）。因为吴星权常年在上海租界工作，住惯了新式的里弄洋房，所以就把在当时比较先进的建筑理念也带回了乡村。被聘请来给吴家造房的虽然还是本地工匠，但吴星权向工匠提出了自己的想法，所以吴宅的室内门窗式样属于西式，次间地面铺装了木地板，顶部安装阁楼，墙面安装了护墙板，外墙用水泥砂浆来粉刷墙壁，这在当时的松江乡村还是极其少见的。

图 2 吴宅南面

图 3 吴宅北面

图 4 屋顶局部

图 5 檐口

图 6 柱枋梁交接处

图 7 西侧观音兜式山墙

图 8 屋檐局部

图 9 客堂间内景

图 10 金柱和下方的素面看枋

图 11 客堂间东侧正贴局部

图 12 客堂间西侧正贴局部

图 13 屋顶梁架

图 14 正梁下方的光机

吴宅的次间顶部有阁楼（图 15），但是阁楼不住人，没有固定的楼梯，上下不方便，要用移动的扶梯上下（图 16）。阁楼只在山墙上开了一扇小窗，采光通风都不好。阁楼的高度较低，只能弯着腰进出。阁楼上头就是屋顶，夏季屋顶直接接受太阳照射，阁楼上温度高；冬季的寒风透过瓦片和望砖的缝隙穿透屋顶进入室内，阁楼上温度较低。由于以上几个原因，这样的阁楼不适合住人。在屋顶架设阁楼，对下面的房间起到夏天隔热，冬天保暖的作用。松江地处沿海地区，空气比较潮湿，阁楼位置较高，相对比较干燥，主要用来存放换季的被褥和衣物，以及其他杂物。在房间里铺设木地板，冬天能隔离来自地面的寒气，夏季梅雨季节又能防潮，保持室内的干燥。次间的木地板和护墙板都已拆除，只剩下阁楼还保存完好。

图 15 次间顶部的木阁楼

图 16 用来上阁楼的扶梯

吴宅的木窗都为 1934 年的原物（图 17），采用了与墙门间摇梗板门不同的制作工艺。传统门窗是以木立杆为轴的摇梗门窗，西式门窗采用金属合页作为门窗开闭的连接支点，还装有金属插销、拉手等五金配件，使得门窗的密封性能、防水性能和开关时的便利性能都得到了改善。随着玻璃的引进和普及，与传统蛎壳窗相比，配有玻璃的门窗的采光性能更是有了质的飞跃。

吴宅的遗憾之处是没有一处木雕纹饰，原因值得探讨。其一，用不起木雕。以吴家当时的经济实力，不大可能是这个原因，吴宅的木料都是精挑细选的好料、大料，但是，吴宅的大木结构中也用到了素面看枋和短机，通常这些都是传统木雕的重点木构件。其二，请不到雕花作工匠（“雕花作”，又称“细木作”，是与建筑、家用器具有关的各种各样的木刻雕花工艺，如制作装饰花板、寺庙神像、经堂彩牌等）。民国时期，江浙地区因军阀混战导致整体经济的衰落，乡村地区建造新房的农户急剧减少，导致工匠的流失，特别是精通雕刻手艺的苏南香山帮和浙江东阳帮工匠，有的因工作变少而返回家乡，有的离开乡村市场进入更为繁荣的城市市场，有的进城做了建筑工人，有的改行做家具等。但要工钱到位，雕花作工匠虽然人数少，还是能请得到的。因此，这个原因也不太可能。其三，营造工艺随着时代的变化而在演变，本地工匠接受了西方现代的简约思想，开始了从繁到简的转变，摒弃了费工费时费钱的装饰性构件，改为经济实用为主。或许吴家从开始就没想用木雕，因为当时已经不流行木雕工艺了，比较下来，这应该是吴宅没有木雕的真正原因吧。

初看吴宅以为是 20 世纪六七十年代的建筑，与大木结构繁琐复杂的落厍屋相比，吴宅简朴大方，用料考究，造房工匠的手艺精良，经历了 90 年风雨能保存完好。吴宅精美的梁架直至今日，仍然令人惊叹，是松江乡村传统民居的精品。当时的工匠与时俱进，能接受新的材料和新的工艺，通过吴宅能看出民国时期松江乡村地区建筑工匠的工艺水平还处于较高的水准。

图 17 次间木格子窗和铁制格栅

新镇村九曲高宅

图 1 新镇村九曲高宅航拍图

高宅位于松江府娄县修竹乡四十三保农村（清代区划），今名为新镇村九曲，建筑面宽三间，坐东北朝西南，为一埭两龙腰的硬山头房子，由高氏建于民国时期（图 1）。

正埭硬山头，混筒二线哺鸡脊，现存西侧哺鸡头一个。南侧屋面置有瓦当与滴水，可见原宅建造之屋檐也是较为考究。南侧墙头两端有收水，下有勒脚（图 2）。前头屋七路头，十九豁，南侧正中置两扇大门，中有户枕（图 3）。内部泥地皮，清水壁脚，青水合缝，挑金贴，各穿之上下砌法有所不同，体现出了当地泥水匠较高的工艺水准（图 4）。正梁正中有蜂窠，方胜纹（图 5）。中柱之上与正桁连接处有一素面三角板，若有雕刻则可称“山雾云”（图 6）。后步桁下有连机，下置一枋，无雕刻（图 7）。后壁脚正中砌半墙，开设两扇半窗用于采光。两侧壁脚两边开设腰门通往次间、龙腰与庭心。两次间原均置阁楼，并开设小窗。两龙腰两侧则砌一堵墙与之相连，形成一围合形制（图 8）。

该宅之东侧原砌有落檐小屋数间，现仅存部分。

据该宅之邻居介绍，此宅建造至今约八九十年，原建造宅主高氏也为一普通种地人家，含辛茹苦积累钱财砌屋造房，原计划要建造前后埭，后受制于财力物力，仅仅建起一座一埭两龙腰的硬山头带小屋的住宅。而经历了近一个世纪的岁月，老屋正埭仍基本保存完整，而后代已迁于镇上，老宅则租与他人。

高宅，为松江乡村地区极为少见的一埭两龙腰的硬山头老宅，对研究本土的传统民居的形制与建造工艺有着极高的价值。前些年松江乡村地区还保留有古场村谢宅，夏庄村谢宅等较为完整的硬山头带龙腰或小屋的传统民居，但随着沪苏高铁的建成，这两幢老宅已被拆除，高宅几乎成为孤本，更显得难能可贵。

图 2 站在东边看高宅

图 3 高宅正南立面

图 4 前头屋内侧一边贴

图 5 蜂窠

图 6 挑金梁贴特写

图 7 前后屋内部

图 8 高宅俯瞰图

周家浜村范宅

范宅位于小昆山镇周家浜村 3 队，建筑坐北朝南，面宽三间，前后埭形制，由范氏建于清末，现保存完好，后发之意明显（图 1、图 2）。

前埭三架梁，中间原设两扇大门，后拆除，用红砖封闭，内部有一定改造，前埭与厢房之间形成“歇山顶”样式。

庭心原为仄砖铺地，现已浇上水泥，原貌不存。

图 1 周家浜村范宅

图 2 范宅原貌（摄于 2018 年）

后埭混筒三线脊，落厍屋形制，中间置显堂，已毁，客堂间原设落地长窗，现已拆除，内部方砖铺地，九路二十一豁。第一路廊柱置云头，现能分辨出西侧雕刻为日进斗金，两边各柱之间均有骆驼川相连，雕刻有盛开的花卉，寓意“花开富贵”（图 3）下设梁垫，下部川夹底两侧均有如意头雕刻，中有框线，两侧前廊柱与步柱之间（第一至第二路）夹底雕刻较为精美，为古代人物故事，由于经历特殊年代，人物图案均被凿去，未能辨识。两侧原有腰门，现已改造，但能从回字纹门框中可见在建造之时较为考究。各桁条两端下有花卉图案机头，中柱与两侧正梁连接处有山雾云，雕刻有蝙蝠祥云，寓意“变福吉祥”。第七路步桁下原有屏门，现已不存，上部有看枋，两侧有回字纹、卷草纹、花卉图样木雕，中间及两侧均有古代人物故事雕刻，但与第一至二路的夹底一样，均被凿去（图 4），仅正中间依稀能辨认出或为浦东地区传统民居木雕常见的“郭子仪拜寿”图。客堂后有岛馆，内部墙壁有花卉描边。

据宅主后人介绍，此屋历经近八代人，近 150 年历史的风雨沧桑，建造时主人为当地较有名望的乡绅名士，建造此幢有一定规模的前后埭宅院。新中国成立之后，此宅外部小修小补，内部由于后代分家，进行一定的改造，但原貌大致保存。

图 3 雕花骆驼川

图 4 被凿去人物的看枋、川夹底

范宅，为松江乡村为数不多保存较为完整的前后埭老宅之一，比起现存的松江乡村古宅，其建造年代较早，具有一定规模，内部木雕丰富，是不可多得的农村老宅“活化石”，具有较高的历史、文物价值（图 5、图 6）。值得一提的是，此宅还设有落厍屋老宅中较少的“岛馆”部位，具有一定的研究价值。此外，此宅所在的行政村——周家浜村，前些年有较为丰富的老宅遗存。早在 20 世纪 90 年代末，原松江文化馆的唐西林、徐桂林老师就留下了此村庄的老宅照片（图 7），并收录于《松江老宅》及《回影无声》书中。而笔者从“谷歌地球”中的历史影像之中也依稀看见此村落拆迁前也有一些老宅的影子。但是令人惋惜的是，这个曾经存在不少古建筑的“古村落”没能抵挡得住拆迁的浪潮，仅存范宅及一幢剩四间的硬山头老宅（图 8）留存，无不令人痛惜。范宅平面示意图见图 9。

图 5 从东南侧看范宅

图 6 范宅航拍图

图 7 徐桂林老师的《松江老宅》一书中所拍摄到的周家浜村的老宅

图 8 硬山头老宅

岛馆	岛馆	岛馆
次间	客堂	次间
厢房	庭心	厢房
次间	墙门间	次间

图 9 范宅平面示意图

新浜村钱宅

图 1 从西北面看钱宅

图 2 钱宅航拍图

钱宅位于新浜镇新浜村 1 队，建筑坐北朝南，面宽五间，单埭头落厍屋形制，由钱氏建于清末（图 1、图 2）。

前头屋檐下设廊屋，进深 1.4 米，面宽约 4.1 米，设六扇大门，门框上部东西两侧托木雕刻有不同的花卉图案（图 3）。前头屋内部原为泥地皮，现已铺上水泥，七路十九豁，各梁架已被主人涂上白色油漆，正梁两边有机头托木，雕刻为两种不同样式的花卉图案，较为精美（图 4），后头步梁下置梁枋，两次间均为十五豁。

图 3 门框下托木雕刻

图 4 机头雕花

据此老宅主人介绍，此屋已建造约 140 年，原主人为较为平凡的普通人家，初建造时由于人丁兴旺，故建此五开间单埭头。

钱宅为松江乃至上海地区仅存的五开间落厍屋之一，是研究五开间落厍屋的规模、形制、建造方式等不可多得的实例，具有一定的保护价值。值得一提的是，上海另一处五开间落厍屋——位于奉贤的叶永梅宅，已被奉贤区列入文物保护点。钱宅平面示意图见图 5。

<table>
<tr><td rowspan="2">次间</td><td rowspan="2">次间</td><td>前头屋</td><td rowspan="2">次间</td><td rowspan="2">次间</td></tr>
<tr><td>廊屋</td></tr>
</table>

图 5 钱宅平面示意图

新浜村曹家楼房

曹家楼房位于新浜镇新浜村 1 队，建筑坐北朝南，原为一面宽三间的三埭进深的砖木结构老式楼房，现存最后一进楼房、部分厢房与围墙，该宅由曹氏建于清代，约 200 年的历史（图 1）。

正埭楼房三开间，硬山顶，原为混筒脊，现屋脊已修缮，未辨其原貌，南侧庭心小青砖铺地，北侧有花岗石制阶沿石（图 2）。

正中为客堂，面宽 4 米，进深 8.84 米。九路头，二十一豁，青砖铺地，双门槛。从门槛之数量看，该宅原置有八扇落地长窗，现依稀从客堂之堆放杂物中可见端倪。各穿之上均置一格栅，上铺楼板。前廊柱与步柱之间各置一腰门通往两边次间，较为朴素。

通往二层的楼梯位于西次间，现已部分改建，而位于客堂之上的二楼之壁脚已经有了不同程度的改变，其壁脚已砌于中柱之后，也就是说该宅原有的面积一部分已消失，从后边贴能够展现端倪（图 3、图 4）。南侧置八扇格子半窗，为井字嵌凌式（图 5），下砌半墙，外部则设山垫板。

图 1 曹宅航拍图

图 2 曹宅南立面

图 3 二楼梁架

图 4 原九路的二楼客堂已缩小了一半

图 5 半窗特写

原东南侧厢房五路头（图 6），与正埭相连中间形成一抛厢庭心，从其南侧还能看其原有的垛头，而其墀头一二层之上均有一满式兜肚，其中二层之下还有祥云纹装饰（图 7）。

其东北侧为其附属房屋，为一大间，五路头，后连一墙，该墙原为该楼房之后围墙，正中有墙门，墙门之后则有滩渡（即水桥），方便主人从水路进出。现后围墙也仅存部分，仅从其南侧可见其檐下有砖细抛枋（图 8），且有草龙纹饰。

据该宅后人介绍，该宅建造于清代，原曹氏先祖发迹于当地，为望族，建起了新浜小镇，而该楼房则为曹氏的一支，原为三埭进深，有仪门一座，且三埭房子均为楼房，足可见原建造之阔气。随着曹氏后人人丁兴旺，其后人陆陆续续拆除了原老式楼房，翻建新房。老宅遂仅剩最后一埭三间楼房及部分附属房屋（图 9）。

图 6 厢房边贴

图 7 墀头兜肚

图 8 砖细抛枋

图 9 曹宅航拍图

曹宅为松江乡村地区硕果仅存的老式砖木结构楼房之一，对研究当地的农村老式楼房的建造工艺以及新浜曹氏历史有着一定价值。但令人惋惜的是，该宅所在的自然村落，已于不久前签署集中居住协议，原村落集体集中居住，翻建新房。也许在不远的将来，这幢松江乡村不多见的老式楼房将消失在大众的视野中。

图 10 站在东南侧看曹宅

第叁章

传统村落篇

泖桥村

一、泖桥村简介

在松江区的西部乡村地区至今还保留着几个“小桥流水人家”式的江南传统村落，这些村落都经历了数百年的发展，承载着相当深厚的文化底蕴。泖桥村位于石湖荡镇偏西南部，原名顾家村。泖桥村东与泖港镇南三村接壤，南濒南界泾与新浜镇鲁星村隔河相望，西与青浦区小蒸毗邻，北以圆泄泾为界。泖桥村对于石湖荡镇来讲就像一块飞地，说出来好多人都不相信，多年以前从镇上去泖桥要经过三区五乡，即松江、青浦和金山三个区的石湖荡、小蒸、蒸淀、枫围和新浜五个乡镇。随着圆泄泾上的悬星泾大桥通车，真的是天堑变通途，去往泖桥村的交通就方便多了，过了五厍老街，穿过一片郁郁葱葱的黄浦江生态涵养林就可抵达泖桥村。交通上的便利，一下子拉近了城镇与乡村的距离。关于村名流传着两个版本的故事。

故事一：泖桥村原名顾家村，因为村中南北向河流弯曲似龙，传说是天然龙穴风水地，明代开国皇帝朱元璋闻知后，秘密派军师刘伯温去诛灭龙穴，在顾家村河的中部建造石桥将龙身拦腰斩断，村南建一庙镇住龙头，村北建一庙镇住龙尾，龙穴地就此被诛灭，后人将此桥取名为诛桥，或许因“诛”字不吉利，改成了“泖桥”，顾家村以桥易名为“泖桥村”。

故事二：原顾家村，除了一条市河从村中穿过，还有两条小河与市河相连，村里人称之为“浜兜”，市河上架有小桥，方便两岸村民的出行。相传有渔民在浜兜中捞到了河蚌，此处的河蚌除了肉质鲜美，蚌壳中还产有珍珠，珍珠为上品，卖价高，与卖鱼所得相比，渔民获利更多。渔民中午多在桥下休憩，故而小桥得名“珠桥”，村名就改成了“珠桥村”。后来，珍珠的事情传播开来，附近的渔民闻风而至，捞蚌采珠。不出数年，河蚌不管大小被捕捞一空，就再也采集不到名贵的珍珠了，渔民还会在“珠桥”下休憩，劳而无获的心情无法述说，就拿桥来出气，于是“珠桥”就改成了“泖桥”，村名也变成了“泖桥村”。

泖桥村作为有着悠久历史的传统村落，这里的先民在选址、规划、建筑和装饰等方面都秉承着传统文化理念，农耕与居住相辅相成，人与自然和谐统一。因为地处浦南泖荡区域，泖田地势低洼不适合建房，而泖桥村所处位置地势相对较高，所以村民选择在此聚族而居。泖桥村的防卫性也很突出，背枕圆泄泾，现对外陆路也只有一条胡角公路与外界相通，过去交通更为闭塞，去往松江都要走水路或摆渡到新源村转陆路。在农耕方面，原先浩瀚的三泖湿地经过先辈们的不断围垦，沧海变桑田，人们习惯把这些围垦湿地形成的耕地叫做泖田。松江先民吃苦耐劳，精耕细作，泖田变成了粮仓，不光是松江大米，棉花、油菜和麦子都能轮番套种，农民也慢慢变得富裕起来。泖桥村经过数百年的发展，成了一个大村落，共有四百多户人家。泖桥村还是延续着江南传统村落的基本格局，村里的水系还保持着较好的连通性和自然曲度，民居都沿河而建，宅前屋后多为田园或绿植。

在泖桥村有两座新建的牌坊，一座在村东口，另一座在村西口。在东边胡角公路上泖桥村与南山村的交界，是村里的新地标——泖桥村牌坊。这是一座冲天式三间四柱石牌坊，只有花板没有明楼，柱顶为昂首的石狮子。传统风水学上讲，石牌坊中门是一个村子的气口，是内外空间分隔的标志和人员进出必经之处。石牌坊不仅会给居住在此的人们带来吉祥，还会保护居住者的安全，提高居住人的社会形象。胡角公路是村里与外部交通的主要道路，路旁的行道树郁郁葱葱。

过去村民的生产和生活都离不开水，中国古代风水学将水视为财富，如果一条河道能够穿村而过，则认为是大吉大利。在流水进村和出村的地方都称为“水口”，在水口跨水建桥，不单单是为了出行便利，也象征着将财富留住。洙桥村的市河在古代有龙的传说，现在的市河南北两头都建有桥梁。虽然现在整个村子留下的都是水泥桥，河道两边也整修成了石驳岸，安装了水泥护栏，沿岸还修建了景观步道，但依然能领略原来河道的秀美。

洙桥市河就是传说中的“龙”，河道蜿蜒，北段为东西走向，南段为南北走向。

在洙桥村南部村口有一棵300年树龄的银杏树，古木参天，冠盖如华，绿荫匝地，宁静优雅。在风水学上来讲，枝繁叶茂的林木立于村口，大树能够藏风得水，巨大的树冠与树荫，寓意福荫子孙，多子多孙，兴旺发达。现在边上废弃的库房被改造成了一座小庙，初一十五有不少老年村民到这里来烧香祈福。据村中老人介绍，村里原来有两座庙，就是传说中刘伯温指示建造的两座庙，村南的是南庵，规模较大，村北（现在村委会的位置）是北庵，规模较小。古银杏就是由洙桥村先民栽种在南庵旁边的，村里的老人们认为就是南庵和古银杏组成的水口，藏风聚气，保佑洙桥村成了一方风水宝地，村落得以延续几百年，经久不衰。

村北的圆泄泾涵养林，现在成了洙桥村的“风水林”，过去先民广植竹木，形成“茂林修竹”的景观，树木不但能藏风聚气，还能保养水土，以现代理念来讲，就是保护生态环境。

二、传统民居略览

1. 洙桥村405号民居曹宅（图1）

房龄70年，此宅坐北朝南，面阔三间，砖木结构平房，单埭头落厍屋形制，庑殿顶，刺毛脊，小青瓦屋面。客堂七路，十九豁。

图1 洙桥村405号民居曹宅

2. 洙桥村曹宅（图 2）

百年老宅，此宅坐北朝南，面阔三间，砖木结构平房，前后埭加两厢落库屋四合院形制，前后埭都为庑殿顶，刺毛脊，小青瓦屋面。现在东侧一半已拆除。

3. 陆家小屋（图 3）

陆家的大屋已经全部拆除翻建，只剩南侧一间小屋。原来的陆家小屋面阔三间，砖木结构平房，歇山顶，观音兜，小青瓦屋面。

图 2 曹宅

图 3 陆家小屋屋顶观音兜

4. 洙桥村 505 号东侧陆宅（图 4）

百年老宅，此宅坐北朝南，面阔三间，砖木结构平房，前后埭加两厢落库屋四合院形制，前后埭都为庑殿顶，刺毛脊，小青瓦屋面，前埭西次间与西厢房一部分已拆除。前埭七路，前头屋北侧设有仪门。此仪门呈八字形面向北开设，朝向后埭客堂，造型简洁，上部为硬山式小瓦屋面，刺毛脊，共有十五道瓦轮，十四张滴水瓦。屋面下有六组砖雕斗拱。上枋中间砖雕已毁，中枋正中字牌砖被石灰涂抹，两边兜肚砖雕不存，下枋比较简洁，中间一小块雕刻不存。仪门跺头勒脚抹灰饰面。仪门门板已不存，残存有抱框，底部有门枕石，雕有动物图案。后埭高于前埭，后埭客堂七路加前廊，本地工匠称其为“七路拖一路”，共二十一豁，两侧正贴有素面羊角川，北侧看枋下设有木壁板和摇梗长门作分隔。北侧客堂、居室窗外围墙，墙内空地名“岛馆”，一般在其内空地种植枇杷、桂花树等花木。

5. 洙桥村 423 号后的陆宅（图 5）

百年老宅，此宅坐北朝南，面阔三间，砖木结构平房，前后埭加两厢落库屋四合院形制，现在前埭和东西厢房已拆除，后埭为庑殿顶，刺毛脊，小青瓦屋面。老宅损毁严重，已经破落不堪。

图 4 陆宅北面

图 5 陆宅西北角

6. **泖桥村 458 号北侧俞宅小屋**（图 6）

此宅目前只剩一间，原来的俞宅为三开间，坐西朝东，砖木结构平房，歇山顶，小青瓦屋面。

7. **泖桥村河西沈宅**（图 7）

百年老宅，此宅坐北朝南，面阔三间，砖木结构平房，单埭落厍屋形制，刺毛脊，小青瓦屋面。老宅损毁严重，破落不堪。

图 6 俞宅小屋东南角

图 7 沈宅的残垣断壁

8. **泖桥村 216 号民居沈氏继财堂**（图 8）

百年老宅，此宅坐北朝南，面阔三间，砖木结构平房，两埭两厢四合院形制，前后埭都为庑殿顶，刺毛脊，小青瓦屋面，前埭东次间与东厢房已拆除。为松江乡村传统民居精品，其木雕精美，规模较大，保存较好，是不可多得的农村老宅实例。详见特色民居篇《泖桥村沈氏继财堂》一文。

9. **泖桥村 186 号民居**（图 9）

老宅只拆剩后埭小屋两间和西厢房一间。

图 8 沈宅继财堂庭心全貌

图 9 泖桥村 186 号民居

10. **泖桥村吴宅**（图 10）

此宅坐北朝南，面阔三间，砖木结构平房，单埭头落厍屋形制，庑殿顶，刺毛脊，小青瓦屋面。客堂七路拖一路，十三豁，木雕精美。详见特色民居篇《泖桥村吴宅》一文。

11. **泖桥村褚宅**（图 11）

此宅为老宅的勒脚小屋，砖木结构平房，歇山顶，观音兜封火山墙，小青瓦屋面。因为勒脚小屋的门都是开在东面或西面和主屋连通。现今的大门应该是后期改造的，原来的墙上开的是直棂窗。这种单独一大开间，南北向多间的式样，本地工匠称其为“全梁间”。

12. 泖桥村褚宅（图 12）

此宅原来坐东朝西，临河而建，两层楼房，廊柱与步柱通长升高至屋顶，楼下两步柱设置承重大梁，其上安放格栅，格栅上铺木质楼板。屋顶为硬山顶，小青瓦屋面。

图 10 吴宅屋顶檐口

图 11 褚宅勒脚屋南面

图 12 泖桥村褚宅

13. 泖桥村 479 号钟宅（图 13）

此宅 1950 年建造，坐北朝南，面阔三间，砖木结构平房，硬山顶，小青瓦屋面，东西次间设有阁楼。

14. 泖桥村钱宅（图 14）

坐北朝南，面阔三间，砖木结构平房，一正两厢形制落厍屋，与北院墙组成完整三合院。大屋庑殿顶，刺毛脊，东厢房歇山顶，观音兜封火山墙，小青瓦屋面。现在西侧一半已拆除。

15. 钟宅北边的老宅（图 15）

坐北朝南，面阔三间，砖木结构平房，悬山顶，小青瓦屋面。老宅损毁严重，破旧不堪。

图 13 泖桥村 479 号钟宅

图 14 泖桥村钱宅

图 15 钟宅北边的老宅

16. 泖桥村 616 号唐宅（图 16）

此宅坐北朝南，面阔三间，砖木结构平房，一正两厢形制落厍屋三合院。大屋庑殿顶，刺毛脊，小青瓦屋面。现东次间与东厢房已拆除。前廊贯通整个门面，在松江乡村传统民居中独此一家。这种“统走廊”，因为面积上浪费较大，所以较为少见。详见特色民居篇《泖桥村唐宅》一文。

17. 泖桥村薛家浜朱宅（图 17）

此宅坐北朝南，原来面阔三间，砖木结构平房，前后埭加两厢形制落厍屋。前后埭为庑殿顶，刺毛脊，小青瓦屋面。现已拆除大半，只剩下前埭两间和东厢房。

图 16 泖桥村 616 号民居唐宅

图 17 泖桥村薛家浜朱宅

泖新村

一、泖新村简介

泖新村位于石湖荡镇西北部，东与新姚村接壤，南至石湖荡集镇市河港与新源村为界，西至青松港与青浦区小蒸交界，北临泖河与小昆山镇大德村隔江相望。泖新村以泖河得名，以金泖渔村闻名于松江。

泖新村有泖田千亩，春耕时节，稻田放水，村落倒映水中，宛如中国传统水墨画，呈现了人在画中住的美景，恍若陶渊明笔下的“世外桃源” 。

泖新村的先民崇尚自然，顺应自然，在村落的选址上都利用天然地形，珍惜土地资源，营造适宜的聚居环境，不但要满足居住的要求，而且要符合传统的风水理念，让整个村落与地形地貌河流等自然风光取得和谐统一。村里的民居布局紧凑，错落有致。

村里的民居沿着河道建造，呈带状分布。从史志中的记载来看，此地在明朝就有建造石湖庙。作为一个有着500年历史的古老村落，泖新村至今仍保留着十几处传统民居。

二、传统民居略览

1. 泖新村柴宅（图1）

百年老宅，是松江乡村地区的民居精品。此宅坐北朝南，面阔三间，砖木结构平房，两埭两厢一庭心的江南民居四合院，后埭庑殿顶，厢房带观音兜歇山顶，小青瓦屋面，现后埭东次间因翻建楼房超平方而拆除，甚为可惜。客堂七路加后廊，二十一豁，穿斗式梁架。正梁的正中镶嵌着铜皮制作的“方胜纹”图案蜂窠，每根桁条下方两端都置有雕花短机。素面看枋，东西两壁穿枋与羊角穿雕花。厢房五路，抬梁式与穿斗式结合减柱造法。

2. 泖新村陈宅（图2）

百年老宅，坐北朝南，面阔三间，砖木结构平房，一正两厢形制落厍屋，与北院墙围成“凹”形三合院。大屋庑殿顶，刺毛脊，正脊有灰塑，小青瓦屋面。客堂七路十九豁，厢房五路三间，抬梁式与穿斗式结合，减柱造法。保留有隔扇窗，天井有青砖铺地。

图1 泖新村柴宅

图2 泖新村陈宅

3. 泖新村钱宅（图 3）

百年老宅，此宅坐北朝南，面阔三间，砖木结构平房，两埭两厢一庭心四合院形制，前后埭都为庑殿顶，刺毛脊，小青瓦屋面。后埭客堂间东西两壁穿枋与羊角穿雕花。厢房五路，抬梁式与穿斗式结合减柱造法。老宅现在无人居住，局部坍塌，状况堪忧。

4. 泖新村古松 254 号陈宅（图 4）

百年老宅，坐北朝南，面阔三间，砖木结构平房，单埭头落厍屋形制，庑殿顶，刺毛脊，小青瓦屋面。

图 3 泖新村钱宅

图 4 泖新村古松 254 号陈宅北侧屋檐

5. 泖新村古松 256 号陈宅（图 5、图 6）

百年老宅，坐北朝南，面阔三间，木结构平房，两埭两厢一庭心落厍屋形制。前后埭庑殿顶，刺毛脊，小青瓦屋面。陈宅的西侧一半已拆除。据房东陈老伯介绍，最初祖上先造了这幢前后埭，后来子孙繁衍，就在老房东西侧又建造了三幢单埭落厍屋。

图 5 泖新村古松 256 号陈宅南面

图 6 泖新村古松 256 号陈宅檐口花边瓦和滴水瓦

6. 泖新村古松 257 号吴宅（图 7）

原为两埭两厢一庭心落厍屋四合院，现在只剩下前埭墙门间和部分东西厢房，西厢房屋顶为歇山顶。

7. 泖新村村委会后的老宅（图 8）

此宅坐北朝南，面阔三间，砖木结构平房，原来为两埭两厢一庭心四合院形制，前后埭都为庑殿顶，刺毛脊，小青瓦屋面。现只剩前埭一半和东厢房一间。

图 7 泖新村古松 257 号吴宅

图 8 泖新村村委会后的老宅

8. 泖新村 573 号褚宅（图 9）

百年老宅，坐北朝南，面阔五间，砖木结构平房，单埭头落厍屋形制，庑殿顶，刺毛脊，小青瓦屋面。推测此房由兄弟俩合建，有东西两个客堂间，西侧客堂间与梢间已拆除，只剩东侧三间。

9. 泖新村 616 号王宅（图 10）

百年老宅，坐北朝南，原来面阔三间，砖木结构平房，单埭头落厍屋形制，庑殿顶，刺毛脊，小青瓦屋面，现只剩西侧一半。客堂间西立贴羊角穿等处有精美木雕。

图 9 泖新村 573 号褚宅

图 10 泖新村 616 号王宅

10. 泖新村 626 号东侧朱宅（图 11）

此宅坐北朝南，原来的房子面阔三间，砖木结构平房，一正两厢形制落厍屋。大屋庑殿顶，刺毛脊，正脊有灰塑，小青瓦屋面。现在只存前埭东侧一半和厢房一间，房屋损毁严重。

11. 泖新村杨河浜南侧民居（图 12）

此宅为原勒脚小屋扩改建而成，坐西朝东，面阔四间，砖木结构平房，一正一厢呈“T”形，硬山顶，小青瓦屋面。

12. 泖新村张宅与姚宅（图 13、图 14）

张宅坐西朝东，原来的房子面阔三间，砖木结构平房，一正两厢形制落厍屋，与院墙围成“凹”形三合院，大屋庑殿顶，小青瓦屋面。张宅现在仅存客堂间半间、次间和北侧厢房。与张宅相邻的是姚宅小屋，姚宅大屋因翻建楼房而拆除，原小屋面阔三间，砖木结构平房，歇山顶，观音兜，小青瓦屋面，现存两间。

图 11 泖新村 626 号东侧朱宅

图 12 667 号民居山墙

图 13 姚宅观音兜

图 14 张宅和姚宅

13. 泖新村古松 213 号西侧民居（图 15）

百年老宅，坐北朝南，原来面阔三间，砖木结构平房，单埭头落厍屋形制，庑殿顶，刺毛脊，小青瓦屋面。东侧次间已拆除，只剩客堂间与西次间。

14. 泖新村一处民居（图 16）

此宅坐北朝南，原来的房子面阔三间，砖木结构平房，单埭落厍屋形制，庑殿顶，刺毛脊，小青瓦屋面。现在只存客堂间一半和东次间，房屋破旧不堪。

图 15 泖新村古松 213 号西侧民居

图 16 泖新村一处民居

新源村

图 1 新源村五村谢宅

图 2 新源村五村 166 号陆宅南面

图 3 新源村五村 388 号曹宅

一、新源村简介

新源村位于石湖荡集镇西南侧，东与东夏村接壤，南至圆泄泾与洙桥村隔江相望，西至青松港与青浦小蒸为界，北至石湖荡港与泖新村为邻。古老的村落因为过去对外交通不便，反而保存了江南水乡村落的基本风貌。

新源村作为江南典型村落，环境优雅，整体布局讲究，水、路、宅和田相互协调。村里的民居分布，疏密适度，错落有致。现在的村落里清朝、民国和新中国三个时代的民居都有典型案例留存。清代民居（新源村五村 344 号南侧曹宅和 388 号西侧曹宅），虽然破损严重，却不失古建的神韵，留下了精美的仪门头和木雕。民国时代建造的二层楼房（新源村五村 388 号），在松江乡村地区也是极其少见。新中国建国初期建造的民居（新源村五村 146 号谢宅）也不落下风，用料和工艺都是当时的最高水准，经历了 70 年的风雨，老宅安好如初。谢宅外观朴素，屋内的木构梁架相当精美，看后无不令人啧啧称奇。

二、传统民居略览

1. 新源村五村谢宅（图 1）

谢宅房龄 70 年，坐北朝南，面阔三间，砖木结构平房，一正两厢形制落厍屋，与北院墙组成完整三合院。大屋庑殿顶，刺毛脊，小青瓦屋面。客堂七路，十九豁。东西厢房各两间，五路头抬梁式与穿斗式结合，减柱造法，混合式硬山顶，北侧设观音兜防火山墙。该宅保存完好，梁架精美，是新中国成立后松江乡村地区用料最讲究，建造工艺最为精湛的一幢民居，是松江乡村传统民居的精品。

2. 新源村五村 166 号陆宅（图 2）

此宅坐北朝南，面阔三间，砖木结构平房，单埭头落厍屋形制，庑殿顶，刺毛脊，小青瓦屋面。

3. 新源村五村 388 号曹宅（图 3）

此宅坐北朝南，面阔三间，砖木结构悬山式楼房形制，原为三进深平楼结合大宅院，现仅存一幢楼房，由曹氏建于清末民初。详见特色民居篇《新源村曹家楼房》一文。

4. 清代老宅曹宅，主人为 388 号同宗的曹家（图 4）

老宅虽然损毁严重，只剩下客堂次间各半间和厢房两间，而且后人对老宅的改建也让其失去了原来的面貌，但是就在这个不起眼的地方，我们却惊喜的看到了精美的木雕，在破落的庭院里铺满了青石板。这样的庭院因为铺设青石板，俗称“石板庭心”或“石皮庭心”。庭院铺地使用石材，原料和人工的价格要比青砖铺地高出许多，这些都显示了屋主人的富足。石板庭心常见于府邸建筑，如松江仓城的杜氏雕花楼就有“石板庭心”，而在乡村地区极其少见。

5. 带仪门的老宅——新源村五村曹宅（图 5）

此宅损毁严重，据曹家后人介绍老宅大约有 100 多年的历史，只有孤立的仪门头相对保存较好。曹宅坐西朝东，面阔三间，砖木结构平房，前后埭加两厢落库屋，围合而成四合院，前后埭都为庑殿顶，刺毛脊，小青瓦屋面。据房东老夫妇介绍，曹氏为地方大族，在此定居已有数百年之久，随着家族的人丁繁衍，原有的住房不敷使用，这一房的曹氏先人只能搬出老宅选址另建新宅（松江本地俗称“出宅造”），于是看中了老宅南面几百米之外的农田作为新的宅基。新宅基南临圆泄泾，如果房子的朝向还是坐北朝南的话，打开大门将直面圆泄泾江面，放眼望去是白茫茫的开阔水面，松江方言俗称“一望水白”，于本地传统习俗来讲犯了风水大忌，只能把新房子的朝向改为坐西朝东，取“紫气东来”之意。1980 年代，曹氏后人为了改善居住条件而翻建楼房，老宅大部被拆除，只剩下前埭次间与半间前头屋。

图 4 清代老宅曹宅老屋（改建后的客堂间和厢房）

图 5 新源村五村曹宅

6. 新源村五村 466 号西侧民居（图 6）

此宅坐北朝南，面阔三间，砖木结构平房，单埭头落库屋形制，庑殿顶，刺毛脊，小青瓦屋面。

图 6 新源村五村 466 号西侧民居

7. 新源村古场 311 号谢宅（图 7）

此宅坐北朝南，面宽三间，一埭两龙腰硬山头形制，前埭正脊、厢房均为混筒二线哺鸡脊，建于 1950 年，2021 年上半年因沪苏湖铁路建设拆除。

8. 新源村五村 189 号杨宅（图 8）

此宅建于清末，坐北朝南，面阔三间，砖木结构平房，单埭头落厍屋形制，庑殿顶，刺毛脊，小青瓦屋面。老宅年久失修，状况已经破败不堪，作为危房已经被拆除。

图 7 新源村古场 311 号谢宅

图 8 新源村五村 189 号杨宅

张庄村

一、张庄村简介

张庄村位于松江区石湖荡镇东约3.5千米，东临姚泾河与永丰街道仓吉社区为邻，南依新中河与新中村为界，西濒斜塘江与东夏、新姚村隔江相望，北枕沪杭铁路，与小昆山镇的民华、陆家村接壤。村以张庄集镇命名。有袁家埭、冷水湾、沈家埭、石家罅、新开河、港佬、潘家埭、北浜、王家埭、强家浜、网埭、张庄、庙浜等13个自然村组成。

在张庄自然村历史上有张庄集镇，据《石湖荡镇志》记载：张庄集镇位于松江城区西南部，斜塘东侧，北距沪杭铁路约1千米处。东北距松江城区约7千米，西北距石湖荡镇约2.5千米。集镇依张庄市河南北走向，有东西2条街，东街长约200多米，西街不足100米。

由于张庄水陆交通便利，逐渐形成小镇。镇中心市河与腰部横江犄角相接直通斜塘，河上建有1座石桥和3座木高桥，联接东西两街南北贯通，使舟楫进出张庄镇不需掉头。西部斜塘上设南北两处渡口，设凉亭候渡并置石陂路直达镇内。东部有3条官堂大道进镇。新中国成立初，集镇有300多户，总人口1000多人。有米行、猪行、清三行（家具店，以床、橱、梳妆枱子为主，装饰面板都要雕花，俗称“清三行”）、铁铺、茶馆、酒馆、点心、南什、百货、肉庄、豆腐、水果、理发、药店、布店和香烛店等50家，私人诊所3处，私塾学堂2处。其中茶馆和南什店为首，各有6家，其次是理发、酒肆、豆腐、肉类、中成药等店各有4家。

张庄镇南首有城隍庙、观音庵和水仙庙3座，城隍庙中有一古松，树龄500多年，号称“江南第七松”（1960年代被毁）。横江北侧原有石牌楼1座，称为“百岁坊”（被毁时间不详）。张庄仿制的练塘月饼、翻烧和枫泾豆腐干、鹅头颈等较有名气。最负盛名的是淡水箬鳎鱼，因其生长分布面极窄，主要分布在斜塘中段，20世纪50年代后期绝迹。

传说张庄建在原许家宅上，许家祖传有一件稀世珍宝，一艘由宝玉精雕细刻而成的玉船，被皇帝得知后要许氏献贡，许家不予，被朝廷派兵抄家，结果把整个宅院拆毁也不见玉船踪影，许氏家园被毁，人遭灭门。后来在废墟上被张姓人家建屋而成聚落村庄，故得名“张庄”。

经查阅史料，我们发现真实的历史与传说大相径庭。据《上海通志》记载，张庄是上海地区许姓人氏的始迁地。元朝初年，许氏先祖诚一公为避战乱由河南中州迁入松江府华亭县张庄。据松江有关学者考证，在此安家落户的许氏通过几代人的辛勤劳作逐渐发达，六世祖名叫许富，举家搬离了张庄，移居松江府城西黄泥槽（后来改称“田村”），买下一片农田建了一座庄园。许家庄园里种植了万棵修竹，处处绿荫环绕，正好一条小河又从庄园里穿过，故而许氏为新居取名“竹溪别业”。此后许氏家族聚居于田村，因田舍、坟茔俱在田村，于是被称为“田村许氏”，许氏始迁地张庄从此被淡忘。田村许氏耕读持家，到了明朝中期靠着科第继起，逐步进入了松江府名门望族之列，许氏族人在明清两朝先后共出进士四名、举人十名。自从许氏搬离张庄后，又有不少人家来到张庄，建屋定居，其中以张姓居多，随着时间的推移，许氏慢慢被淡忘，故改名为“张庄”。询问村中老人，今日的张庄已经没有世居在此的许姓人家。

二、传统民居略览

1. 张庄村1035号金宅（图1）

百年老宅，此宅坐北朝南，面阔三间，砖木结构平房，前后埭落厍屋形制，小青瓦屋面，前埭、后埭大屋都为庑殿顶，东西厢房歇山顶带观音兜。前埭墙门间和东次间设廊屋，墙门间面南设六扇板门，北侧向天井设有仪门头。墙门间七路二十一豁，泥地皮，正梁下方有蜂窠，屋顶两步梁处安置有家堂，用来安放祖宗的神主牌位。向北穿过仪门，为庭心，青砖铺地，两侧为厢房。后埭正中为客堂，九路二十一豁，穿斗式梁架，素面看枋，东西两壁穿枋雕刻精美。后埭原有宫式落地长窗，现均已拆除。次间南侧都开设有房庭心，用来采光和通风。金宅，乍看之下与普通落厍屋并无二致，却内有乾坤。金宅的落地长窗具有极高的艺术价值，每一扇都雕有不同的花卉纹样，寓意富贵吉祥。金宅形制完整，外观比例和谐，大木结构精湛，小木装修精美，仪门基本完整，是松江乃至整个上海地区乡村民居的精品。金宅集合了松江乡村传统民居的诸多元素，看金氏一宅而知松江乡村传统民居全貌。

2. 张庄村 1737 号民居（图 2）

此宅坐北朝南，面阔三间，砖木结构平房，一正一厢落厍屋形制，大屋庑殿顶，厢房硬山顶，小青瓦屋面。

3. 张庄村 1512 号民居（图 3）

此宅坐北朝南，面阔三间，砖木结构平房，一正两厢落厍屋形制，庑殿顶，刺毛脊，小青瓦屋面，现仅存西侧半边。老宅屋面长了不少类似小花的植物。听村中老人讲，这种植物长在屋顶有几十年了，本地人称其为“瓦花”。

图 1 张庄村 1035 号金宅西侧面

图 2 张庄村 1737 号民居

图 3 张庄村 1512 号民居南面

4. 张庄村 849 号陈宅（图 4）

此宅坐西朝东，面阔三间，一正一厢，砖木结构平房。硬山顶，三段式哺鸡脊，小青瓦屋面，次间设有阁楼。南侧有厢房两间。

5. 张庄村 151 号东侧民居（图 5）

此宅坐北朝南，面阔三间，砖木结构平房，前后埭，前埭落厍屋形制，厢房歇山顶带观音兜，后埭双面坡，小青瓦屋面。前埭高于后埭，比较少见。现已拆去大部分，只剩东侧三分之一。

图 4 张庄村 849 号陈宅

图 5 张庄村 151 号东侧民居

6. 张庄村 1040 号金宅（图 6）

此宅坐北朝南，面阔三间，砖木结构平房，单埭落厍屋形制，庑殿顶，刺毛脊，小青瓦屋面，现西次间拆除，仅存客堂间和东次间。

7. 张庄村强家浜王宅（图 7）

百年老宅，此宅坐北朝南，前后埭落厍屋形制，面阔三间，砖木结构平房，前后埭都为庑殿顶，刺毛脊，东西厢房，小青瓦屋面。老宅西侧三分之一因翻建楼房已经拆除。现存的前埭因漏水，屋顶改成了平瓦，除了柱架和梁架，墙面和门窗都已换新，仪门头已经拆除，庭心中摆放着拆下的门枕石，上有简单的花卉纹饰雕刻。庭心为青砖铺地。后埭基本保持原样，客堂间东壁穿枋有简单的火焰纹浅雕勾勒，线条流畅，朴实无华。厢房保留梁架，改动较大。

图 6 张庄村 1040 号金宅

图 7 张庄村强家浜王宅

8. 张庄村 1441 号民居北侧老宅（图 8）

此宅坐北朝南，面阔三间，砖木结构平房，单埭落厍屋形制，庑殿顶，刺毛脊，小青瓦屋面。现西次间已经拆除，仅存客堂间和东次间，部分屋顶和墙体坍塌，状况很差。

9. 张庄村 1037 号北侧金宅（图 9）

此宅坐北朝南，面阔三间，砖木结构平房，单埭落厍屋形制，庑殿顶，刺毛脊，小青瓦屋面。现西次间已经拆除，仅存客堂间和东次间，部分屋顶和墙体倒塌，隔墙修补用来红砖，屋顶修补用了灰色机制平瓦。

图 8 张庄村 1441 号民居北侧老宅

图 9 张庄村 1037 号北侧金宅

10. 张庄村村北一处老宅（图 10、图 11）

此处应为老宅的厢房，原有三间，坐西朝东，砖木结构平房，歇山顶，观音兜，小青瓦屋面。现在老宅北侧的次间还算完整，其余两间只剩下残垣断壁。

11. 张庄村 1060 号蒋宅（图 12）

此宅坐北朝南，面阔三间，一正两厢形制，与北院墙围成“凹”形三合院，硬山顶，机制平瓦屋面。

图 10 张庄村村北一处老宅

图 11 张庄村村北老宅观音兜

图 12 张庄村 1060 号蒋宅

东港村

一、东港村简介

东港村位于松江区石湖荡镇的东北角，一条名叫“唐梓浜”的小河由西向东穿过村落。小河两岸风光秀丽，十分宜居。这条小河就是东港村的母亲河，养育了这一带的村民，他们世世代代在此安居乐业。

二、传统民居略览

1. 东港村杨宅（图 1）

此宅坐北朝南，面阔三间，砖木结构平房，单埭头落厍屋形制，庑殿顶，小青瓦屋面。客堂七路，十九豁，客堂北窗为支摘窗，东次间房间内还有一张架子床。现在老房子里由 90 多岁高龄的杨老伯居住，儿女们住在边上的楼房里。据杨老伯介绍，这幢落厍屋由他爷爷建造，当时他只有 3 岁，至今已有近 90 年的历史。杨宅正脊为刺毛脊。弓形，中间舒展，两头微微向上翘起，充满了张力。

图 1 东港村杨宅

2. 与杨宅比邻的落厍屋（图 2）

现存客堂间和东次间两间正房，西次间已拆除，后侧厢房也已拆除。东次间用单壁隔断分为两间，南半间为卧室，北半间为灶头间。

图 2 与杨宅比邻的落厍屋

3. 东港村沈宅（图 3、图 4）

此宅坐北朝南，面阔三间，砖木结构平房，一正两厢形制落厍屋，与北院墙围成“凹”形三合院。大屋庑殿顶，刺毛脊，小青瓦屋面。客堂七路十七豁。厢房为悬山顶，西厢房屋面已翻新，屋面改为红色机制平瓦。

图 3 东港村沈宅

图 4 沈宅檐口花边瓦

4. 东港村西北角 1039 号沈宅（图 5、图 6）

此宅坐北朝南，面阔三间，砖木结构平房，单埭头落厍屋形制，庑殿顶，甘蔗脊，小青瓦屋面。客堂七路，十九豁。

图 5 东港村西北角 1039 号沈宅

图 6 沈宅甘蔗脊

5. 东港村北部王宅（图 7）

此宅坐北朝南，面阔三间，砖木结构平房，单埭头落厍屋形制，庑殿顶，刺毛脊，小青瓦屋面。客堂八路，二十豁。

图 7 东港村北部王宅

6. 东港村 636 号（图 8）

此宅坐北朝南，面阔三间，砖木结构平房，一正两厢形制落厍屋，与北院墙围成“凹”形三合院，刺毛脊，小青瓦屋面。东次间和东厢房已拆除，现存客堂间、西次间和西厢房。

7. 东港村 677 号（图 9）

此宅坐北朝南，面阔三间，砖木结构平房，单埭头落厍屋形制，庑殿顶，刺毛脊，小青瓦屋面。西次间已拆除，现存客堂间和东次间，部分屋顶已坍塌。

图 8 东港村 636 号

图 9 东港村 677 号

新姚村

一、新姚村简介

新姚村位于松江区石湖荡镇东侧，东濒斜塘江与张庄村和小昆山镇罗家村隔水相望，南与东夏村接壤，西与东夏、泖新村为邻。由南新村、北新村、坟头、姚家4个自然村，14个村民小组组成、村的地形呈斜东南向三角形。新姚村作为一个传统的村落基本保留了江南水乡的风貌。

二、传统民居略览

1. 新姚村新村456号陈宅（图1）

此宅为百年老宅，坐北朝南，面阔三间，砖木结构平房，原来为前后埭头落厍屋形制，后埭与厢房已经拆除，现存的前埭为庑殿顶，刺毛脊，小青瓦屋面，前头屋五路十九豁。前头屋北侧设有仪门。现在老宅无人居住，房屋的主人陈家阿婆住在大屋西侧的70年代建造的拦脚房里面。陈家阿婆90多岁，据她介绍，这幢老房子到她老公这一辈，已经传了四代。当年她从浙江嫁过来时20岁都不到，陈家的老太公当时就已经有80多岁了，房子是老太公的父亲所建，算下来老宅大概有170年的历史。倒推一下，陈宅初建于1850年代，是松江地区能大致确定建造年代的最老的落厍屋。

图1 新姚村新村456号陈宅

2. 新姚村新姚 493 号民居（图 2、图 3）

此宅坐北朝南，面阔三间，砖木结构平房，一正两厢落库屋形制，大屋庑殿顶，刺毛脊，小青瓦屋面。客堂七路，十七豁。

图 2 新姚村新姚 493 号民居北侧庭院

图 3 新姚村新姚 493 号民居

3. 新姚村新村 270 号西侧王宅（图 4）

此宅坐北朝南，面阔三间，单埭头砖木结构平房，硬山式屋顶，其正脊为三段式混筒刺毛脊，小青瓦屋面。

4. 新姚村新村 444 号陈宅（图 5）

此宅坐北朝南，面阔三间，砖木结构平房，两埭两厢一庭心，前埭为庑殿顶，后埭为硬山顶，小青瓦屋面，前埭东次间和西厢房已拆除。老宅于 1976 年利用原有的木构架进行了翻新，偌大的老宅只有陈家阿婆一人独住，子女都在城区生活。

图 4 新姚村新村 270 号西侧王宅

图 5 新姚村新村 444 号陈宅

5. 新姚村新村 234 号张宅（图 6）

此宅坐北朝南，面阔三间，砖木结构平房，一正两厢形制落库屋，与北院墙围成“凹”形三合院。大屋庑殿顶，原先为小青瓦屋面，现改造成红色平瓦屋面。

6. 新姚村新村 259 号西侧民居（图 7）

此宅坐北朝南，面阔三间，一埭头砖木结构平房，硬山式屋顶，青色平瓦屋面。像这样的三开间平房在新姚村还留存了不少。

图 6 新姚村新村 234 号张宅

图 7 新姚村新村 259 号西侧民居

7. 新姚村 456 号东侧民居（图 8）

原先的老宅坐北朝南，面阔三间，砖木结构平房，单埭落厍屋形制，庑殿顶，小青瓦屋面，现只拆剩下东次间一间，部分屋顶已坍塌。

8. 新姚村的一幢规模较大的老宅（图 9）

老宅坐北朝南，面阔三间，砖木结构平房，前后埭落厍屋形制，前埭和后埭都为庑殿顶，刺毛脊，小青瓦屋面。老宅年久失修，状况已经破败不堪，只剩下后埭东次间和部分东厢房。

9. 新姚村新村 265 号王宅（图 10）

原先的老宅坐北朝南，面阔三间，砖木结构平房，单埭落厍屋形制，庑殿顶，小青瓦屋面，现只拆剩下东次间一间。

图 8 新姚村 456 号东侧民居

图 9 老宅东面

图 10 新姚村新村 265 号王宅

东夏村

一、东夏村简介

东夏村位于上海市松江区石湖荡集镇东南侧。东临斜塘江与新中、张庄村隔水相望，南濒圆泄泾与五厍镇为界，西至2号河与新源村为邻，北至沪杭铁路、东北与新姚村接壤。村以原东三与夏庄村综合命名。有沈家浜、陶家埭、官娄、夏字圩、南小港、东夏庄、西夏庄、诸家浜、陆家浜等9个自然村、21个村民小组组成。东夏村有不少古老的村落，遗存有十余处传统民居。

二、传统民居略览

1. 东夏村东三166号李宅（图1、图2）

老宅坐北朝南，面阔三间，砖木结构平房，两埭一庭心，前后埭都为庑殿顶，小青瓦屋面。客堂七路带前廊，十九豁，穿斗式梁架。老宅的前埭和两侧厢房已拆除，仅剩后埭三间。后埭屋脊中部有残存的灰塑，保存有完整的落地长窗八扇。

图1 东夏村东三166号李宅

图2 屋脊局部

2. 东夏村夏庄谢宅（图3）

建筑坐北朝南，面宽三间，一埭硬山头连一小屋形制，其正脊为三段式混筒三线脊，原有哺鸡头，现均已损坏，由谢氏建于清末民初，有百多年历史。

3. 东夏村夏庄134号民居（图4）

建筑坐北朝南，面阔三间，砖木结构平房，单埭头拖两厢落厍屋，三合院形制，大屋为庑殿顶，小青瓦屋面。客堂七路，十九豁。翻建两层楼房时拆除东次间和东厢房。2023年，因沪苏湖铁路建设拆除。

4. 东夏村诸家浜民居（图5）

建筑坐北朝南，面阔三间，砖木结构平房，硬山顶，小青瓦屋面。客堂七路，二十一豁。1980年代末为了新建两层楼房拆除东次间。

5. 东夏村诸家浜263号西侧民居（图6）

建筑坐北朝南，面阔三间，砖木结构平房，单埭头落厍屋，庑殿顶，小青瓦屋面。客堂间屋面部分坍塌。

图 3 东夏村夏庄谢宅

图 4 东夏村夏庄 134 号民居

图 5 东夏村诸家浜民居

图 6 东夏村诸家浜 263 号西侧民居

6. 东夏村夏庄 510/511 号陆宅（图 7、图 8）

陆宅规模较大，坐北朝南，面阔三间，砖木结构平房，前埭为单埭头落厍屋拖两厢房，后埭为硬山头，围合成四合院，形制比较罕见。据房东介绍，老宅的前埭先造，建于清末，已有一百多年的历史，后埭后造，要晚了几十年的时间。1980 年代陆氏后代为了造楼房，拆除了前埭东次间和后埭的西次间。

图 7 东夏村夏庄 510/511 号陆宅前埭

图 8 东夏村夏庄 510/511 号陆宅庭院一角

7. 东夏村夏庄 178 号西侧民居（图 9）

建筑坐北朝南，面阔三间，砖木结构平房，单埭头落厍屋，庑殿顶，小青瓦屋面，东次间已拆除。

8. 东夏村东三 122 号（图 10）

百年老宅，此宅坐北朝南，面阔三间，砖木结构平房，前后埭落厍屋加两厢房，四合院形制，前后埭都为庑殿顶，小青瓦屋面。前埭东次间、东厢房以及后埭已拆除。剩余的前埭前头屋，七路二十一豁。

9. 东夏村东三 550 号民居（图 11）

此宅坐北朝南，面阔三间，砖木结构平房，单埭头落厍屋，庑殿顶，小青瓦屋面。东次间已拆除，客堂间屋面部分坍塌。

10. 东夏村东三 518 号西侧小屋（图 12）

残存一间，歇山顶带观音兜。

图 9 东夏村夏庄 178 号西侧民居

图 10 东夏村东三 122 号

图 11 东夏村东三 550 号民居

图 12 东夏村东三 518 号西侧小屋

金胜村

一、金胜村简介

金胜村位于上海市松江区石湖荡镇东南约 9 千米处，东与金汇村接壤，南濒黄浦江与泖港镇隔水相望，西与新中村相邻，北与东港村衔接。村里还留存着几处传统民居。

二、传统民居略览

1. 金胜村长胜 458 号东侧民居（图 1）

此建筑坐北朝南，面阔三间，砖木结构平房，单埭头落厍屋形制，庑殿顶，小青瓦屋面。

2. 金胜村长胜 156 号邱宅（图 2）

邱家老宅坐北朝南，面阔三间，砖木结构平房，一正两厢形制落厍屋，与北院墙围成“凹”形三合院。大屋庑殿顶，屋脊为游脊，小青瓦屋面。

3. 金胜村长胜 1468 号民居（图 3）

此建筑为东西朝向，中间大门朝西开设，面阔三间，砖木结构平房，单埭头落厍屋形制，庑殿顶，小青瓦屋面，客堂间七路十五豁，前部不设廊屋。客堂间柱架为抬梁和穿斗混合式，保留中柱，左右各减去一根金柱，本地工匠称为“偷金柱”或“偷金造”。

4. 金胜村长胜 1137 号朱宅（图 4、图 5）

此宅为百年老宅，坐北朝南，面阔三间，砖木结构平房，两埭两厢四合院形制。后埭、东西厢房及前埭西次间都因翻建楼房而拆除。现存前埭墙门间和东次间，前埭屋顶为庑殿顶，刺毛脊，小青瓦屋面，因年久失修老宅已经残破不堪。前埭墙门间北侧设有仪门。此仪门造型简洁，上部为硬山式小瓦屋面，共有十一道瓦轮，十张滴水瓦。上中下三枋都为抹灰饰面，原有字牌被水泥抹平，不见真容。据房东阿婆介绍，朱家是本地的大户人家，建有祠堂，带有仪门的宅院有两幢。

图 1 金胜村长胜 458 号东侧民居

图 2 金胜村长胜 156 号邱宅

图 3 金胜村长胜 1468 号民居

图 4 金胜村长胜 1137 号朱宅

图 5 朱宅仪门

5. 金胜村长胜 630 号陈宅（图 6）

此宅为百年老宅，建于清末民初，坐北朝南，面阔三间，砖木结构平房，前后埭落厍屋拖两厢房，围合成四合院。

6. 金胜村长胜 1433 号（图 7）

此宅为百年老宅，坐北朝南，面阔三间，砖木结构平房，两埭两厢四合院形制。后埭、东西厢房及前埭东次间都因翻建楼房而拆除，只剩下前埭墙门间和西次间。墙门间南侧墙门和北侧仪门都已拆除，墙门间有方砖铺地。

图 6 金胜村长胜 630 号陈宅

图 7 金胜村长胜 1433 号

7. 金胜村长胜 1140 号遗存小屋（图 8）

五路头，悬山顶，小青瓦屋面。

图 8 金胜村长胜 1140 号东侧残破老宅

8. 金胜村某残破不堪的老宅（图 9）

建筑只剩下后埭客堂间和西次间，及西厢房一间。

图 9 金胜村某残破不堪的老宅

9. 金胜村长胜 1181 号东侧残破老宅（图 10）

此建筑只剩下客堂间和东次间。

图 10 金胜村长胜 1181 号东侧残破老宅

10. 金胜村长胜 125 号老宅（图 11）

现存建筑坐北朝南，面阔四间，砖木结构平房，硬山顶，小青瓦屋面。

图 11 金胜村长胜 125 号老宅

南三村

一、南三村简介

南三村位于松江区泖港镇的西北角，东以北石港为界，与五厍居委会相邻，西连石湖荡镇泖桥村，南与兴旺村隔北石港隔河相望，北依圆泄泾。全村包括龚家娄，罗家岸（旧称“罗江岸”），柴家浜、花甲港四个自然村。南三村三面环水，对外交通主要靠横贯东西的南三公路。南三村从2002年年底开始被纳入涵养林区域，全村除了村民的宅基地和自留地外，所有的田地都种上了树木，成了一个名副其实的林业村，森林的覆盖率在上海名列前茅。南三村的地理位置虽然偏僻，但是也有着不被外界干扰，防卫性能强的优点，先民在几百年前就在这里安家落户，村落还是延续着江南传统村落的基本格局，水系的连通性和自然曲度都得到了延续，民居都沿河而建，宅前屋后多为田园或绿植。

二、传统民居略览

1. 南三村张宅（图1）

此宅由张氏建于1928年。此宅坐北朝南，面阔三间，砖木结构平房，两埭两厢房落厍屋形制，前埭大部和东厢房已拆除翻建成楼房，后埭为庑殿顶，刺毛脊，小青瓦屋面。客堂七路，十九豁，南侧设有鹤颈轩式廊轩，装修考究，山雾云，羊角穿，二步梁雕花精美，图案为花卉。廊轩雕镂，图案为花卉。院子还保存了一扇拆下的落地长窗，裙板雕刻有花卉，图案精美。详见特色民居篇《南三村张宅》一文。

2. 南三村426号（图2）

图1 南三村张宅

此建筑坐北朝南，面阔三间，砖木结构平房，前后埭落库屋形制，小青瓦屋面。老宅大部已毁，现存前埭前头屋和东次间两间。

3. 南三村 409 号（图 3）

此建筑原为大屋旁边的拦脚屋（当地人称"勒脚屋"），共有五间，砖木结构平房，歇山顶，小青瓦屋面，其中两间已经塌毁。

图 2 南三村 426 号

图 3 南三村 409 号

图 4 南三村 259 号李宅

图 5 李宅东侧面

图 6 南三村彭宅

图 7 南三村 145 号徐宅

4. 南三村 259 号李宅（图 4、图 5）

李氏为浦南望族，这一支世居南三村已有数百年。老宅坐北朝南，面阔五间，单埭头落厍屋形制。李氏先祖聚居一堂，又陆续增添新丁，因为原有住宅不敷使用，所以在大屋东西两侧各建了一排小屋，本地俗称为“拦脚屋”（或“勒脚屋”）。后来又在大屋北侧也建了一排小屋，本地俗称为“包皮屋”。由于李氏家族勤劳致富，且人丁兴旺，几十年后又在老宅东侧，另外建造了一栋前后埭大屋，成为村中的首屈一指的大户人家。辉煌了百年，随着时代的变迁，李氏后代陆续从老宅搬出，翻建楼房，现存的老宅只剩下两间半残垣断壁。

5. 南三村彭宅（图 6）

老宅原为前后埭落厍屋，建于清末，因家族繁衍，彭氏后人陆续从老宅中搬到新建的楼房里。现在的老宅只剩前埭的部分残垣断壁。

6. 南三村 145 号徐宅（图 7）

此宅坐北朝南，面阔三间，砖木结构平房，硬山顶，三段式哺鸡脊，小青瓦屋面，西次间北侧拖厢房一间。据徐家主人徐老伯介绍，此建筑是由原古松公社（现归属石湖荡镇）的匠人团队在 1976 年建造。现在的南三村还有多幢像徐宅一样的三开间硬山头平房，以徐宅的的建造工艺为最佳。几年前，老屋屋顶漏水，徐老伯请了泖港当地的匠人师傅来捉漏，漏水的地方更换了瓦片后修复了。这些本地匠人师傅都已是六七十岁的老人，也是最后的本地工匠了，他们也不会灰塑，无法修复屋顶正脊的哺鸡。可惜啊，本地的传统建造工艺已经断代失传！

7. 南三村 217 号（图 8~ 图 13）

此宅为村中罕见的新建中西结合的乡村别墅，巧妙的利用青砖作为外墙装饰，达到了一种复古的效果。前埭为中国传统建筑风格，两开间，硬山顶，纹头脊，小青瓦屋面，东侧一间为墙门间。后埭为西式建筑风格的两层小洋楼。此建筑外墙墙体采用青砖清水做法，然后用水泥勾缝，是近代砌砖工艺的典型做法。墙面相交的突角、楼面分层处以及阳台等处用红砖砌筑装饰色块和分隔线条，增强了线条与板块的区分，微微突出的红砖也增强了立体感。外墙的窗洞都用青砖砌成拱券形，增加了曲线的美感。砖砌拱券不是西方建筑独有，在中国传统建筑中也经常应用，如寺庙的弧形山门，大殿的圆窗，无梁殿；北方窑洞入口券门，园林建筑中的拱门和圆窗，桥梁中的石拱桥，古代城墙中的城门等。纵观整个松江乡村地区，此建筑也是现代乡村民居的精品。

像这样的院墙，在江南地区称为“花墙洞”，用砖瓦、木条勾搭成各种图案，并留出空档，所以也被称为“漏墙”或者“漏窗”。除了漏窗图案本身的观赏效果外，从漏窗中可以眺望墙外的景色，还能起到观景和借景的效果。漏窗的造型，构图都没有限制，工匠可以随意利用各种建筑材料进行创作。

图 8 南三村 217 号

图 9 前埭西房南窗为宫式万字纹短窗

图 10 边门和院墙

图 11 砖砌的拱券形窗洞

图 12 由瓦片拼成套钱图案的漏窗

图 13 由瓦片拼成鱼鳞式图案的漏窗

8. 生产队仓库（图 14）

坐西朝东，面阔四间，砖木结构平房，硬山顶，平瓦屋面。

9. 吾沙庙（图 15）

庙里供奉的神是晋代的将军吾彦。吾彦在松江浦南地区历来受人尊敬。被奉为神明。在当地吾彦被称为“吾沙大老爷”，或者被称作“吾沙大将军”。过去吾沙庙规模不大，在解放后拆除。现在的吾沙庙是民间自发建立的，规模更小，位于南三公路东段南三大桥下。山门面东开设，四周建有围墙，前埭为献殿，三开间，歇山顶，供香客祭祀准备和休息使用，大门前方左右各安放一石狮子。后埭正殿就一开间，硬山顶，殿内北侧设置的台案上供奉了三尊“吾沙大老爷”神像，中为红脸，东为白脸，西为黑脸。神像前设有供案一张，案前摆放了一只功德箱。吾沙庙日常由一位农村阿婆照看，供奉祭品和打扫卫生。平日几乎没有香客，只有初一、十五来自周边乡村的香客较多，以老年农村妇女为主。周边村子里老人过世及动土建房、造桥等大事，村民也会到庙中祈福，求吾沙老爷保佑逝者解脱痛苦，在阴间也能过上幸福生活，同时保佑家人平安，开工大吉，诸事顺利。

图 14 仓库及打谷场全貌

图 15 吾沙庙

徐库村

一、徐库村简介

松江区泖港镇徐库村地处浦南腹地，东临黄桥港与黄桥村相邻，南与田黄村接壤，西边连接五库镇，西南以建设河为界与兴旺村为邻，北面毗临圆泄泾与石湖荡东三村隔河相望。早期的徐泾村是由徐村和黄泥泾合并而成，到了1995年10月由徐泾村又和五库村合并，两村各取一字而得名徐库村。

原徐泾村有一片湖荡，水面宽阔，岸边芦苇丛生。村里有条河道叫做黄泥泾，是黄浦江的一条小支流。原五库村，因为位于五库镇东部，因为紧邻五库老街，村名也就被称为“五库村”了。

五库村在过去被叫作“打生埭”，对当地一些上了年纪的村民来讲是一种痛苦回忆。泖田因地势低，极易受灾，一旦遇到水灾排水又不畅，农作物长期泡在水里，很多农家颗粒无收。五库村与周边几个村相比，地势更为低洼，还有很多芦苇荡，产量最低的泖田也比较多。因为租种的泖田产量低，灾年不足糊口，村民为生活所迫，不得不在芦苇荡里打鸟为生，因而村子得名“打生埭”。

原先因为穷而被称为“打生埭”，现在已经一去不复返，今天的徐库村是松江美丽乡村的一员，风光秀丽，村中还保留了几处乡村传统民居（图1）。

图1 从桥洞远看徐库村

二、传统民居略览

1. 徐库村 925 号陈宅（图 2、图 3）

此宅为百年老宅，建于民国初期。此宅坐北朝南，面阔三间，砖木结构平房，一正两厢形制落厍屋，与北院墙围成“凹”形三合院。大屋庑殿顶，刺毛脊，小青瓦屋面。客堂七路二十一豁，厢房五路。客堂间屋檐下设廊屋，大门为八扇板门，门上中间廊桁下有“铜钱”图案。屋檐下三面都用黄石铺就阶沿石。陈宅为现存松江乡村不可多得的完整的并基本保持原貌的一正两厢房落厍屋。

图 2 徐库村 925 号陈宅

图 3 陈宅屋顶垂脊

2. 徐库村颜宅（图 4）

此宅大屋为五开间落厍屋，已经在 20 世纪 70 年代末拆除改建成了两层楼房，现存的老房子为原来的拦脚小屋，小屋坐北朝南，面阔三间，砖木结构平房，歇山顶，小青瓦屋面，正脊为游脊，两头为观音兜防火墙。中间一间为杂物间，东次间以前养猪，当地人称为“猪栏棚”，现在养了几只鸡，西次间为灶头间，现在还在使用。颜家还保存了不少老家具和农具。

3. 徐库村沈宅（图 5）

此宅大屋为落厍屋，已经在 20 世纪 70 年代末拆除改建成了两层楼房，这两间老房子为老宅的拦脚小屋，小屋坐西朝东，砖木结构平房，硬山顶，小青瓦屋面。

图 4 徐库村颜宅

图 5 徐库村沈宅

4. 徐厍村一处老宅（图 6）

老宅大屋原为三开间落厍屋，刺毛脊，小青瓦屋面。西侧一半已拆除，东侧紧挨着大屋，附有一间小屋作为灶头间。

图 6 老宅东侧面

5. 徐厍村 1121 号庄宅（图 7）

庄家大屋坐北朝南，面阔三间，单埭头落厍屋形制。大屋庑殿顶，刺毛脊，小青瓦屋面。大门为八扇落地格子门，门上中间廊桁下有“铜钱”图案。西侧小屋为一折角形制，横屋东端与大屋西次间相连，勒脚屋呈歇山顶式样。原来的老宅应该规模较大，庄氏后人因新建楼房时拆除了部分老宅。

6. 徐厍村残存的一处老宅（图 8）

原先的老宅坐北朝南，面阔三间，砖木结构平房，前后埭加两厢落厍屋形制，围合而成四合院。前后埭都为庑殿顶，刺毛脊，小青瓦屋面。老宅大部分已拆除，只剩下前埭前头屋半间和西次间，前头屋北侧设有仪门，遗存又一堵呈外八字形的垛头墙。老宅年久失修，现已破旧不堪，只剩下残垣断壁。

图 7 徐厍村 1121 号庄宅

图 8 老宅北侧

7. 徐库村 1014 号硬山头平房（图 9）

大屋坐北朝南，面阔三间，砖木结构平房，硬山顶，小青瓦屋面。

图 9 徐库村 1014 号硬山头平房

8. 徐库村 432 号硬山头平房（图 10）

此宅坐北朝南，面阔三间，砖木结构平房，硬山顶，小青瓦屋面。

图 10 徐库村 432 号硬山头平房

兴旺村

一、兴旺村简介

兴旺村位于松江区泖港镇最西面，南为叶新公路，东靠建设河，北临北石港，西临朱家港（旧称“朱家泾”），有着优越的地理位置，水陆交通十分便利。现在兴旺村是由自然村西旺村、南泖村、中厍村组成。兴旺村坐落在万亩泖田的北端，村里的农家开门即是满眼泖田。

二、传统民居略览

1. 兴旺村 351 号张宅（图 1）

百年老宅，建于清朝末年，此宅坐北朝南，原来的老宅为四进深的大宅院，当地人称其为“张家大墙门”。现存的建筑为第三埭大屋，面阔三间，进深九路，砖木结构平房，硬山顶，混筒三线哺鸡脊，现在哺鸡头均已损坏，小青瓦屋面。正中一间为客堂间，十九豁，南侧设有鹤颈轩式廊轩，正贴穿斗式减柱造法，装修考究，山雾云，羊角穿雕花精美，图案为寿字纹与花卉。廊轩雕镂更加集中，图案为花卉和人物故事。两侧腰门门框都施以雕刻。客堂北侧看枋下方设有祖堂，破四旧运动前用于存放祖先的神主排位，现在摆放祖先的遗照和骨灰盒。西次间中间以木板壁分隔成两间，顶部设有阁楼。东次间北窗为隔扇短窗，西次间北窗为支摘窗。

图 1 张宅侧面

2. 兴旺村陈家老宅（图 2）

百年老宅，建于清末民初，此宅坐北朝南，原来的老宅为三进深的大宅院，当地人称其为“陈家大墙门”，现存的建筑为第二埭大屋西侧次间和稍间，前廊部分也已拆除。原来的大屋面阔五间，砖木结构平房，硬山顶，混筒三线哺鸡脊，现在哺鸡头均已损坏，小青瓦屋面。

3. 兴旺村 101 号民居（图 3）

坐北朝南，面阔三间，砖木结构平房，硬山顶，小青瓦屋面，东次间为拆后重建。

图 2 陈宅残屋

图 3 兴旺村 101 号民居

4. 兴旺村 327 号罗宅（图 4）

百年老宅，原先的老宅坐北朝南，面阔三间，砖木结构平房，两埭两厢四合院形制，前后埭均为庑殿顶，刺毛脊，小青瓦屋面。随着时代的变迁，后埭和西厢房以及前埭西次间陆续拆除，只剩下前埭两间和东厢房。

5. 兴旺村许宅（图 5）

百年老宅，原先的老宅坐北朝南，面阔三间，砖木结构平房，两埭两厢四合院形制，前后埭均为庑殿顶，刺毛脊，小青瓦屋面。20 世纪 80 年代后埭和西厢房以及前埭西次间陆续拆除，只剩下前埭两间和东厢房。

图 4 兴旺村 327 号罗宅

图 5 兴旺村许宅

6. 兴旺村 668 号民居后小屋（图 6）

现存的小屋坐北朝南，面阔两间，砖木结构平房，悬山顶，小青瓦屋面。

7. 兴旺村 663 号西侧民居（图 7）

现存的小屋坐西朝东，面阔一间，砖木结构平房，歇山顶，小青瓦屋面。从现存的建筑来看，残屋应为厢房中一间，屋顶的观音兜保存的状况良好，做工也比较精细。

图 6 兴旺村 668 号民居后小屋

图 7 兴旺村 663 号西侧民居

8. 兴旺村潘宅（图 8）

此宅原为三进深硬山头的大宅院，并设有仪门头，是村上殷实富裕人家。从几乎塌毁的老宅中，能依稀回望老宅当年的规模和精致的装修。

图 8 兴旺村潘宅残屋

曹家浜村

一、曹家浜村简介

曹家浜村位于松江区泖港镇西部、叶新公路南侧。东连朱定村、西临茹塘村、北靠田黄村、南与曙光村接壤。曹家浜村由自然村唐家角村、南港村、四家村、曹家浜村、新村村、三家村组成。

二、传统民居略览

1. 曹家浜村 180 号唐宅（图 1）

百年老宅，建于清朝末，此宅坐北朝南，原来的老宅大屋为前后埭，东西对称，和两侧小屋小屋围合而成一套大宅院。整个建筑群共有 7 个庭心，大屋 10 间，小屋 16 间，共计 26 间房屋，现存的建筑为前埭和东侧小屋 8 间。前埭大屋面阔五间，进深九路，砖木结构平房，硬山顶，小青瓦屋面，正中一间前头屋，二十一豁，进深九路。唐宅是松江乡村地区现存的规模最大的一幢传统民居。唐宅前埭西半边近年已修缮，东半边维持旧貌。详见特色民居篇《曹家浜村唐宅》一文。

图 1 曹家浜村 180 号唐宅

2. 曹家浜村 414 号章宅小屋（图 2）

百年老宅，原先的老宅大屋坐北朝南，面阔三间，砖木结构平房，单埭落库屋形制，刺毛脊，小青瓦屋面。1980 年代改建楼房时，老宅大屋拆除，现在只剩下西侧三间小屋。小屋坐西朝东，面阔三间，砖木结构平房，单埭落库屋形制，刺毛脊，小青瓦屋面。当中一间为灶头间，南次间为杂作间，现今摆放了菩萨，成了民间祭祀场所，北次间为杂物间。

3. 曹家浜村 173 号（图 3）

原先的老宅大屋已在翻建楼房时拆除，现在只剩下小屋 2 间。小屋为砖木结构平房，歇山顶带观音兜，小青瓦屋面。

图 2 曹家浜村 414 号章宅小屋全貌

图 3 曹家浜村 173 号

4. 曹家浜村 235 号西侧老宅（图 4）

原先的老宅大屋坐北朝南，面阔三间，砖木结构平房，单埭落库屋形制，刺毛脊，小青瓦屋面。老宅现在仅存西次间 1 间，檐柱因木材腐朽而改成砖砌方柱替代，拆去南墙退进一路，新砌了墙，开了门窗。

5. 曹家浜一处老宅（图 5）

原先的老宅大屋坐北朝南，面阔三间，砖木结构平房，硬山顶，哺鸡脊，小青瓦屋面。老宅现在仅存西次间 1 间。

图 4 曹家浜村 235 号西侧老宅

图 5 曹家浜一处老宅

同建村

一、同建村简介

同建村位于叶榭镇东南部，是松江、奉贤、金山三区交界处，由原毛家汇村、车亭村和铁塔村“撤三建一”而成。同建村东与奉贤一江之隔，南临金山区亭林镇新建村，西至新泖泾港，北临金家村。同建村是 2018 年度松江区美丽乡村示范村，也是松江区的五个市级保护村之一。奉贤泾隶属于同建村，是一个美丽的江南小村，奉贤泾从村中流过，村里的民居都沿着奉贤泾建造，呈带状分布。民居的外墙进行了整体美化改造，村民各家的自留地也进行规划设计变得好看而且实用，南侧村口还设置了口袋公园和文化小品。

现在的奉贤泾是一条很小的河流，东西向穿过村子，村名就因小河而得。追溯奉贤泾的历史，查阅地方史志得到的结果是与实际大相径庭，这条小河虽与古代奉贤泾同名，但不是同一条河流。古奉贤泾既不在现今的奉贤区境内，也不在今日松江区境内，历史上属于明清松江府华亭县境内，如今划归的金山区管辖。奉贤泾又称大新泾，是金山区新泾塘在明朝时期的旧称。新泾塘（古奉贤泾）故道在亭林集镇东北，由运港分支，南下直达小官浦入海，在唐代以前，为太湖流域涝水南泄杭州湾的重要干道之一。明朝正德年间，奉贤泾还是一条大河，伴随着明朝永乐年间“黄浦夺淞”，原先吴淞江的支流“黄浦”成了主角，变成了大江，上海地区的水系发生了翻天覆地的巨变。历经数百年后，新泾塘（古奉贤泾）逐步淤狭，渐成小河，直至部分断流消亡。1968 年，当时的金山县在亭林镇南开挖一段新河道与祝家港相汇，沿用旧名新泾塘（古奉贤泾）。清朝雍正四年（公元 1726 年）从松江府划出部分土地建立奉贤县，奉贤县的得名也与奉贤泾有关。

古老的奉贤泾，古老的村落，让我们联想到“小桥流水人家”江南水乡美景。村民的生产和生活都离不开水，在古代的堪舆学中将水视为财富，如果一条河道能够穿村而过，则认为是大吉大利。在流水进村和出村的地方都称为“水口”，在水口跨水建桥，不单单是为了出行便利，也象征着将财富留住。这个村子的东西两头都建有桥梁，南北两端也建有桥梁，或许是巧合，或许是风水学的体现吧。虽然现在整个村子留下的是四座水泥桥，河道两边也整修成了石驳岸，安装了水泥护栏，沿岸还修建了景观步道，但依然能领略原来奉贤泾的秀美。

二、传统民居略览

1. 同建村铁塔 660 号俞宅（图 1~ 图 3）

因为村落为俞氏聚居地，现存三幢落厍屋老宅都为俞姓人家，因此就按老宅在村落的位置来区分，位于东边的叫东俞宅，西边的叫西俞宅，北边的就叫北俞宅。此宅坐北朝南，面阔三间，砖木结构平房，两埭两厢四合院形制，本地人称为前后埭，前埭庑殿顶，后埭带观音兜歇山顶，小青瓦屋面，现后埭正间和东次间已拆除。客堂七路，十九豁，穿斗式梁架，素面看枋。厢房五路。后埭五路，屋高低于前埭，这在松江现存的前后埭形制的落厍屋中比较少见。此宅外观大方，保存状况优良，是松江乡村传统民居的杰出代表。据屋主介绍，房子为父辈在 1950 年建造。

图 1 西俞宅正面

图 2 西俞宅正脊脊首

图 3 西俞宅的垂脊

2. 同建村铁塔 655 号的东俞宅（图 4~ 图 6）

此宅坐北朝南，面阔三间，砖木结构平房，单埭头落厍屋形制，庑殿顶，刺毛脊，小青瓦屋面。客堂七路，二十豁。

图 4 同建村铁塔 655 号的东俞宅

图 5 东俞宅正脊

图 6 东俞宅屋顶垂脊

3. 奉贤泾北俞宅（图 7、图 8）

位于奉贤泾的北侧还有一幢传统老宅，屋主同样姓俞，本书暂称之为叫北俞宅。此宅坐北朝南，面阔三间，砖木结构平房，单埭头落厍屋形制，庑殿顶，小青瓦屋面。

4. 同建村毛家汇一处老宅（图 9）

此宅坐北朝南，面阔五间，砖木结构平房，单埭头落厍屋形制，庑殿顶，小青瓦屋面。西侧 2 间已拆除，现存 3 间，门窗都有改建。

图 7 奉贤泾北俞宅正面

图 8 奉贤泾北俞宅屋角

图 9 同建村毛家汇老宅正面

5. 同建村毛家汇周宅（图 10）

此建筑坐北朝南，面宽三间。前后埭形制，后埭东次间及两边厢房已毁，现存五间，由周氏建于清代。2023 年坍塌后被拆除。详见特色民居篇《同建村毛家汇周宅》一文。

图 10 同建村毛家汇周宅全貌

6. 同建村毛家汇 652 号（图 11、图 12）

此宅坐北朝南，面阔五间，砖木结构平房，硬山顶，小青瓦屋面。

图 11 同建村毛家汇 652 号正面

图 12 同建村毛家汇 652 号正脊中央灰塑“松鹤延年”

7. 同建村毛家汇 330 号（图 13、图 14）

此宅坐北朝南，面阔 3 间，砖木结构平房，硬山顶，小青瓦屋面。此宅东次间和客堂间后部部分屋顶已坍塌。

图 13 同建村毛家汇 330 号正面

图 14 同建村毛家汇 330 号正脊中央灰塑“忠”字

东勤村

一、东勤村简介

东勤村位于松江区叶榭镇东北部，为松江、奉贤和闵行三区的交界点，东部隔千步泾与奉贤区相邻，北靠黄浦江，与闵行区隔江相望，大叶公路贯穿东西。

二、传统民居略览

1. 东勤村 7 号孙宅（图 1）

此宅建于民国时期，至今已有 90 年房龄。此宅坐北朝南，面阔五间，砖木结构平房，单埭头形制，平面呈曲尺形，其东侧有后建的坐东朝西的小屋四间。大屋歇山顶，哺鸡脊，小青瓦屋面，屋顶西侧山花有灰塑。大门为六扇摇梗长门，客堂七路，二十一豁，东西次间屋顶架有木阁楼。详见特色民居篇《东勤村 7 号孙宅》一文。

图 1 东勤村 7 号孙宅

2. 东勤村 162 号东侧小屋（图 2）

据房东阿婆介绍，原先的老宅大屋为落厍屋，三开间，七路头，东侧有小屋 3 间。1980 年代拆除改建为楼房，拆剩了东侧两间小屋做灶头间和猪圈。小屋为砖木结构平房，歇山顶，小青瓦屋面。

3. 东勤村 409 号费宅（图 3）

据屋主费老伯介绍，费氏是浦南望族，费家埭是费氏世居之地，他们一家是费氏旁支。费家老宅大屋为歇山顶，五开间，七路头，小青瓦屋面。他的曾祖父、祖父都是木匠，老宅是他曾祖父建造，有 100 多年历史。他祖父与一帮来自奉贤的匠人一起建造了东勤村 7 号孙宅，所以他家的老宅要比孙宅建的更早，现仅存大屋一间。

图 2 东勤村 162 号东侧小屋

图 3 东勤村 409 号费宅南面

4. 东勤村永联 41 号（图 4、图 5）

此宅坐北朝南，面阔五间，砖木结构平房，平面呈一字型，硬山顶，小青瓦屋面。房屋东侧临近费家浜，因河滩水土流失河岸塌陷，从而导致东侧稍间也随之坍塌，现存 4 间。

5. “三宝桥”的一处老宅厢房（图 6）

原先的老宅坐北朝南，面阔三间，砖木结构平房，前后埭两厢房四合院形制，前埭和后埭大屋都为庑殿顶，小青瓦屋面，现在仅存厢房一间。村落以“三宝桥”为名，位于千步泾河畔。古代传说此地有“金牛、金鞭、金笛”三宝，引来众多觅宝之人，为了方便交通，在千步泾建渡口，人称“三宝渡”，是千步泾四个古渡之一。清代，村里市河上建了一座石桥，就此得名“三宝桥”，村东千步泾西岸还建有一座寺庙，也因此称作“三宝庵”。

图 4 东勤村永联 41 号

图 5 东勤村永联 41 号花边瓦和滴水瓦

图 6 “三宝桥”的一处老宅厢房

6. 村中的一处四开间平房（图 7）

此宅建于新中国成立后，坐北朝南，面阔四间，砖木结构平房，悬山顶，三段式哺鸡脊，小青瓦屋面。西次间屋顶翻修时用机制红色平瓦替代了小青瓦。

图 7 四开间平房老宅

井凌桥村

一、井凌桥村简介

松江区叶榭镇井凌桥村位于黄浦江中上游，座落在松江浦南地区。东临紫石泾，张泽集镇；南接叶榭镇大庙村，西邻泖港镇新建村和焦家村，北连叶榭镇四村村，与黄浦江相依，是叶榭镇的西大门。井凌桥村紧靠紫石泾，因境内东部有井亭桥（村民误传为井凌桥）而得名。此村落由自然村井凌桥村、兴溇村、塘坊桥村组成。叶新公路、松卫公路以十字型贯穿村子中央，是对外的交通干道。广为人知的浦南花卉基地就坐落在井凌桥村，这里的花卉品种繁多、畅销全国。

二、传统民居略览

1. 井凌桥村兴溇 311 号封宅（图 1）

此宅建于民国时期，房龄约 90 年。此宅坐北朝南，面阔三间，砖木结构平房，单埭头落厍屋形制，庑殿顶，刺毛脊，小青瓦屋面。

图 1 井凌桥村兴溇 311 号封宅

2. 井凌桥村 433 号陆宅（图 2）

建于清末民初。此宅坐北朝南，面阔五间，砖木结构平房，两埭两厢四合院形制，前埭庑殿顶，刺毛脊，东西厢房

歇山顶带观音兜，小青瓦屋面。老宅前埭高于后埭，比较少见。厢房中间还建有增加采光和通风的小庭心，当地人称为“房庭心”。现存的老宅前埭东次间和梢间已拆除，东厢房及后埭东半边已拆除，该宅是松江乡村传统民居中体量较大的一套。据村里的几位老人讲，解放前陆家是村里的大户人家，陆宅当时是官楼埭自然村档次最高的宅院。现在老宅无人居住，陆家后代陆续都搬离老宅迁入松江城区居住。

3. 井凌桥村兴溇 315 号施宅（图 3）

建于清末，百年老宅。此宅坐北朝南，面阔三间，砖木结构平房，单埭落厍屋形制，庑殿顶，刺毛脊，小青瓦屋面。东西两侧各建有一排小屋，歇山顶带观音兜，小青瓦屋面。这种建在大屋一侧或两侧，面东或面西的小屋，当地人称为“拦脚屋”或“勒脚小屋”。现仅存大屋东次间和西侧小屋三间，其余因翻建楼房而拆除。

图 2 井凌桥村 433 号陆宅

图 3 井凌桥村兴溇 315 号施宅

4. 封家埭最西侧的封宅（图 4）

此宅坐北朝南，面阔三间，砖木结构平房，原为单埭落厍屋形制，因年久失修，对老宅进行了翻新，保留了木头立柱，和部分墙体，屋顶改成了硬山顶。现在的这幢房子仅凭外观基本看不出是一幢老宅。

5. 井凌桥村某老宅（图 5）

此宅坐北朝南，面阔三间，砖木结构平房，硬山顶，灰色平瓦屋面，清水墙面。

图 4 封家埭最西侧的封宅

图 5 老宅南面

6. 井凌桥村朱宅（图 6）

此房为拆剩的一间小屋。据房主介绍，原先的老宅规模较大，坐北朝南，面阔三间，砖木结构平房，两埭两厢落厍屋四合院形制。老宅西侧建有一排小屋，同样为落厍屋形制。因翻建楼房，老屋拆除，只剩一间孤零零的小屋。

7. 封氏老宅地基上建的新房（图 7）

图 6 井凌桥村朱宅

图 7 封氏老宅地基上建起了中式前后埭新房，新房正面

刘家山村

图 1 临水而居的村落

一、刘家山村简介

刘家山村位于松江区佘山镇天马山东麓，东起辰塔路，南面到辰花路，西至横山塘，北靠沈砖公路。刘家山村青山绿水，环境优美，恍若世外桃源（图 1）。

刘家山村境内共有三座山峰。其一，是天马山，主峰海拔 98.2 余米，山势巍峨险峻陡峭，境内森林繁茂，为上海陆上海拔最高点，也是松郡九峰中山林面积最大的一座山。有南北两峰，状如天马行空，山脊有如弓形的马背，故名。天马山原名干山，相传春秋时吴国干将铸剑于此而得名。相传在天马山南麓有古迹二陆草堂，为二陆读书处。五代后晋所建圆智教寺即草堂旧址。明嘉靖间，寺僧镜圆募缘重建。陆机、陆云于吴灭后，在干山建草堂，闭门读书十年（一说在小昆山）。明代钱思周在寺偏西，建二俊祠，以祀二陆，隆庆中曾重修。山东麓有杨维桢、陆居仁、钱维善三高士墓。古时有双松台、餐霞馆、浮图（佛塔）七级等众多古迹。因天马山为九峰中最高，地域最广，登临天马山佛塔能远观江海，古代文人墨客称天马山为“九峰之甲”。因古时天马山下脚有刘姓人家聚居，当地人又称其为“刘家山”。

其二，是钟贾山。钟贾山位于天马山之东，沈砖公路南面，东隔沈泾塘与卢山对峙。据明代正德《松江府志》记载，唐代有钟姓和贾姓人士隐居于此，故名。因此山介于九峰中间，又名中介山。明代时有寿安寺、玉清观、栖云楼、半云亭、心远堂、十井等古迹。寿安寺，原为净行庵， 元代元贞中期由僧人崇仁等建，明朝永乐年间由僧人虚白重修。寿安寺西侧有陈氏墓园，墓园内有古树两株，均为“垂丝桧”，树径四尺有余，为数百年前的古树，士人称之为“嘉树林”。钟贾山古迹，今俱无存。

其三，是卢山，以卢姓得名，位于油墩港西面，佘天昆公路北面，沈砖公路南面，官塘东面。据清《云间志略》记载：山下有一泓清水，有如泉水般清澈，往来松江府城与青浦县城的水道正好从此经过，景致宜人。明朝万历年间，有僧人慧解和莲儒在山下建甘露亭，供行人歇脚，夏天布施凉茶，冬日布施姜汤。在风雨交加的夜晚，张灯借火，方便路人通行。明万历二十五年某日，卢山遭雷击，崩其西南角。因卢山从清末民初开山采石，山丘今已无存，变成一直径约200米、深60多米的矿坑，采石停止后又因雨水聚集由深坑成了一湖泊。

除了山峰，刘家山村的乡村风光自然、和谐。水为村民生活提供了方便，农业生产也离不开水，河道是连接乡村和市镇的主要纽带。刘家山村的几个自然村落的村名都与水有关。在《上海地名志》中，上海地区河流的通名有：江、河、港、浦、泾、塘、浜、沟、沥、洪、溆、渎、泖等十几种。在刘家山村却超出了这些字的范围，以“洋”字来命名的河流和村落。听村里的老人讲，旧时因村中的河流源头来自天马山脚下，到了此地水面变得特别开阔，在松江方言中，“洋”指较大的水面，没有见过海洋的村民就称之为“下洋江”。后来陆续有村民来到此地安家入户，聚集而成村落，因傍临“下洋江”，故而被称为“下洋村”。随着村民子孙繁衍，搬出老宅基到下洋江的东岸建造新宅居住，于是老宅基就称为“里下洋村”，东边的新宅基被称为“外下洋村”。

二、传统民居略览

1. 刘家山村738号瞿宅（图2）

据瞿氏后人，80多岁的瞿老伯介绍，瞿宅建于清朝，整个建筑群坐北朝南，从南到北共有4埭，结构为砖墙立柱，穿斗式木构架。第一、二埭建造的年代比较早，第一埭为墙门，向南设有大门，向北建有仪门，门鼓高大，上有石狮子。第二埭是大屋，中间为客厅，比第一埭要高出尺许，寓意“步步高升”，客厅为九路头进深。第一和第二埭之间为石皮庭心。大厅后设庭院，四周以高耸的风火墙围蔽。前面两埭在20世纪七八十年代拆除。第三埭是楼厅，既现存的两底两上楼房，底楼西房为客厅，底楼东房后部设有扶梯登楼。楼上设卧室2间，铺有松木楼板，夏季梅雨季节，木地板能防潮，保持室内干燥，冬季木地板能隔离寒气，起到室内保温的效果。木制楼梯和楼板都为原物，门窗有改动。改建后的楼厅外墙粉白色石灰，悬山式屋顶，纹头脊，人字形双披屋面，上盖小青瓦，原来的底层南部建有披屋，后来改建成了阳台。新中国成立后，村里占用瞿宅办起了草包厂，因此门窗都有损坏，后换新，方砖铺地也因此受损。第四埭是后房，一幢两开间平房，临河而建，进深七路头，水桥建在屋内，雨天淋不到雨，方便家庭的日常用水，松江人俗称“屋里滩渡”。西侧一间为灶头间，东侧一间为杂作间，用来堆放杂物。现存的后房以传统建造工艺重建，位置向南平移了几米，进深减少为五路头。

2. 刘家山村许家浜夏宅（图3）

据房主夏老伯介绍，原先的老宅坐北朝南，面阔三间，前后共三埭，都为砖木结构平房，前埭和中埭为大屋，都为庑殿顶，刺毛脊，小青瓦屋面。现存的这几间老房为老宅的后埭小屋，1950年代翻新，原拆原建。老宅大屋在翻建楼房时拆除，只剩下西侧半堵断墙为旧物。

图 2 刘家山村 738 号瞿宅正面

图 3 刘家山村许家浜夏宅

3. 刘家山村 248 号（图 4）

此宅坐北朝南，面阔四间，砖木结构平房，硬山顶，小青瓦屋面。

4. 刘家山村 711 号（图 5）

此宅坐北朝南，面阔四间，砖木结构平房，硬山顶，小青瓦屋面，中间两间正面退进一路设有廊屋。

图 4 刘家山村 248 号

图 5 刘家山村 711 号

5. 刘家山村许家浜 639 号（图 6）

此宅坐北朝南，面阔两间，两上两下楼房，硬山顶，小青瓦屋面。据房东阿婆讲，楼房建于 1970 年代初，是虹桥头自然村在新中国成立后建造的第一幢楼房，有 50 年的历史了。楼下西房为客堂间，东房为灶头间，楼梯间设在两间房间的中间，楼上为两间卧室。阿婆的儿子喜欢绿植，庭心里摆满了各色各样的盆景，大大小小有两百余盆，像一个小型盆景园。

6. 村中一处红瓦平房（图 7）

此宅坐北朝南，平面呈曲尺形，大屋面阔三间，东侧为勒脚小屋两间，都为砖木结构平房，硬山顶，机制红色平瓦屋面。

图 6 刘家山村许家浜 639 号

图 7 刘家山村村中一处红瓦平房

新宅村

一、新宅村简介

新宅村位于松江区佘山镇西部，天马山脚下，东与天马居委会、刘家山村为邻，南靠天马高尔夫球场，西面与青浦区朱家角镇王金村交界，北接新镇村新宅村，2002 年 3 月由原来的宋家浜、朱家、南横泾、鸡山、水产养殖场五个行政村合并组成。

这里最主要的河流就是东西流向的南横泾，村子也因南横泾而得名。这里至今保留着江南传统村落的格局，水系也是从古代保持至今，依然可以看到自然的风貌，水系的连通性和自然曲度都较好，村里的民居都是沿着河道建造，沿河道呈带状分布。村子里的民居大多粉墙黛瓦，宅前屋后点缀田园或绿植，属于典型的江南水乡风貌。现在全村共有四座水泥公路桥供村民交通出行使用。村子西边的公路名为石桥头路，过去建有一座石桥，名为深青桥，现已由水泥桥替代。在新农村建设中，主要河道经过整治现在都改成石驳岸，村民家中产生的污水也经过分流处理，加以严格的垃圾分类使河道水质有了提升。

图 1 新宅村薛宅正面

二、传统民居略览

1. 新宅村南横泾 338 号薛宅（图 1~ 图 3）

现在这幢老房子由薛家婆婆居住，老婆婆已近 90 岁。据老婆婆介绍，这幢房子已有一百多年的历史。此宅坐北朝南，面阔三间，砖木结构平房，落厍屋形制，庑殿顶，小青瓦屋面，刺毛脊。客堂七路，十九豁。薛宅原为前后埭，现在后埭及厢房已经拆除，只剩下前埭三间。

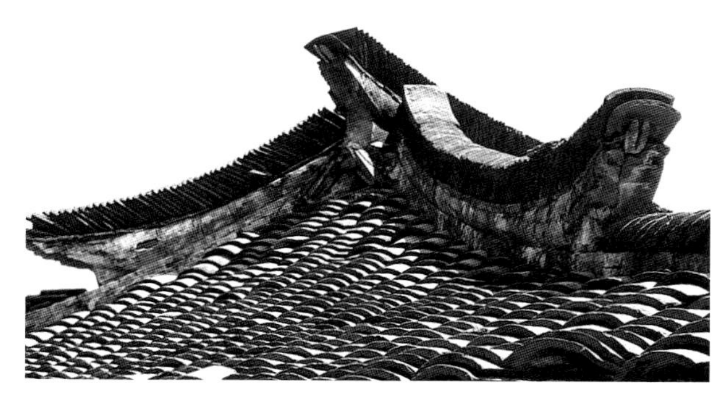

图 2 薛宅屋顶垂脊

图 3 薛宅东侧屋顶檐口，不设花边瓦和滴水瓦，用白灰封口

2. 新宅村盛宅（图 4、图 5）

盛宅现在无人居住，且衰败不堪。据住在老宅南侧楼房里的盛家后人介绍，老宅已有一百多年的历史，传承下来已经有好几代了。原来的老宅是前后埭，砖木结构平房，落厍屋形制，庑殿顶，小青瓦屋面。因各种原因老宅现在只剩前埭两间和东厢房两间。

图 4 新宅村盛宅正面

图 5 盛宅檐口的花边瓦和滴水瓦

3. 新宅村南横泾 426 号林宅（图 6、图 7）

此宅坐北朝南，面阔三间，砖木结构平房，硬山顶，小青瓦屋面。现在老宅由林氏后人出租给他人居住。据林氏后人介绍，老宅传承下来已有数代，有一百多年的历史。现在老宅的状况不容乐观。

图 6 新宅村林宅全貌

图 7 林宅墀头

墀头是中国古代传统建筑构建之一。山墙伸出至檐柱之外的部分，突出在两边山墙边檐，用以支撑前后出檐。承担着屋顶排水和边墙挡水的作用，往往也是装饰的重点部位。

4. 新宅村盛宅（图 8）

此宅在林宅的北边隔着一排楼房处，几乎坍塌。百年老宅饱经沧桑，原先的盛宅坐北朝南，面阔三间，砖木结构平房，一正两厢形制，与南侧墙门组成完整“凹”字形三合院。大屋庑殿顶，刺毛脊，小青瓦屋面。因年久失修，加之无人居住，现在老宅已经屋顶塌陷，墙体倒塌，衰败不堪。

图 8 新宅村盛宅正面

得胜村

一、得胜村简介

得胜村位于松江区车墩镇东南部，东讫盐铁塘，西至北泖泾，南临黄浦江，北连联建、洋泾两村，320国道（车亭公路）南北向穿过村子中部。得胜村以始于明代的小镇“得胜港”而得名。1999年潔水渡村、以渔民为主的松浦村并入得胜村。黄浦江得胜村段沿岸500米之内为上海水源保护区涵养林地。黄浦江上第一座铁路公路双层桥（松浦大桥）和A5嘉金高速公路桥东西并峙。

得胜港位于南北盐铁塘与黄浦江交汇处（南段盐铁塘现在名叶榭塘）俗名“塘口”，明嘉靖年间曾大败倭寇于此处，故改称“得胜港”。从明朝时开始设有方便浦南、浦北行人过江的渡口，古时称“夕阳渡”，1992年筑黄浦江塘岸时，在对岸叶榭石灰厂处出土石坊柱1个，上刻“夕阳镇古渡”五字。明末，“夕阳渡”因地处“得胜港”而改称“得胜渡”，渡口周边逐渐形成了集镇。小镇位于盐铁塘西侧，有一条南北走向长约200米的老街。老街很窄，原先为青砖铺地，现在被水泥覆盖。老街两旁过去多为平房建筑，北端原有三塊木桥，名“栅桥”，跨越盐铁塘。老街南端在黄浦江畔建有三楹二厢关帝庙，每年农历九月十三日有庙会。老街南段有一座平板小石桥。西南处有大觉寺。现关帝庙和大觉寺都已不存。清代、民国期间商贸活跃，过往盐铁塘、黄浦江的船只常在这里停泊，商贩货物出入频繁。1976年松浦大桥和车亭公路的建成，导致集镇移至公路旁，最终小镇逐渐沦落为村落。

图1 得胜村347号钟宅

图2 钟宅大门由八扇落地摇梗板门组成

二、传统民居略览

1. 得胜村347号钟宅（图1、图2）

原先钟宅坐西朝东，面阔三间，前后埭砖木结构平房，悬山顶，刺毛脊，小青瓦屋面。后埭已拆除，仅剩前埭，前头屋七路十九豁。因前埭北次间向北搭建一梢间，外观变成了少见的四开间。

2. 得胜村354号钟宅（图3）

原先钟宅坐西朝东，面阔五间，单埭头砖木结构平房，硬山顶，小青瓦屋面。北侧梢间已拆除，外观变成了四开间。

图3 得胜村354号钟宅

3. 得胜村 353 号钟宅（图 4）

此为钟家用老宅拆下的建材翻建而成从两间小屋，使用传统工艺建造。

图 4 得胜村 353 号钟宅

4. 得胜村蒋家浜吴宅（图 5）

据 80 多岁房东吴老伯介绍，老宅由其祖父建于清末，原先的老宅为落库屋形制，三开间，七路头，小青瓦屋面。老宅西侧原先还搭建有披屋两间，南面半间作为养鸡的鸡舍，北侧半间作为猪栏棚用来养猪。老宅东侧建有一间牛亭，用来养水牛。后弟兄分家，老宅东边一半在 1980 年代拆除，现存客堂半间和西次间。

5. 得胜村漯水渡 114 号吴宅（图 6）

据房东吴老伯介绍，吴家过去为当地大户人家，共有九房后代，原先吴宅坐北朝南，面阔五间，砖木结构平房，硬山顶，小青瓦屋面。吴宅前后共有三埭。两埭大屋与东西两侧的厢房，围合而成四合院，本地俗称“绞圈房”，吴宅三埭头组成了前后两个绞圈房，俗称“双绞圈”。吴家老宅规模庞大，三埭大屋加上厢房共有 23 间房间，本地匠人称之为“23 间头双绞圈”。吴宅前埭前头屋北侧建有仪门头，两侧安有门枕石，刻有石狮子，现已无存。吴宅的两个庭心都为石皮庭心，室内全部方砖铺地。1980 年代，翻建楼房，老宅大部被拆除，只剩下前埭四间和西侧厢房两间。吴宅是松江地区的现存唯一的绞圈房遗迹。

图 5 得胜村蒋家浜吴宅正面

图 6 漯水渡 114 号吴宅正面

6. 得胜村漯水渡 163 号吴宅（图 7）

吴家与114号是同宗的本家，本地人称为“自家屋里”。吴家原来的建筑，坐西朝东，面阔三间，砖木结构平房，硬山顶，小青瓦屋面，平面呈“凹”型，是 114 号双绞圈的向外延伸。两幢建筑之间留有一条弄堂，方便家人出入。1980 年代翻建楼房，老房子大部分拆除，只剩下两间。

7. 得胜村漯水渡 416 号（图 8）

此宅坐北朝南，面阔三间，砖木结构平房，悬山顶，小青瓦屋面。

图 7 得胜村漯水渡 163 号吴宅

图 8 得胜村漯水渡 416 号

吉祥村

一、吉祥村简介

吉祥村地处松江区永丰街道西南角的仓吉社区，区域范围东起黄墙港，南到秀春塘，西临油墩港，北至松江市河。辖区属于城乡结合部，在吉祥村还遗留有多处乡村传统民居，其中包括几幢落厍屋，也是离松江城区最近的落厍屋。此地的几个自然村落历史悠久，地名也有历史故事。

1. 石湖桥：元代至正初年（1341年），松江知府达鲁花赤在毛泾港河重建石桥，清代嘉庆年间，石湖桥圮，改设渡，名谓“石湖桥渡”。北岸村落因桥而得名，称为“石湖桥村”。因为松江本地方言“湖”和“河”读音不分，慢慢的“石湖桥”演变为同音的“石河桥”。

2. 吉祥汇：明朝宣德年间，在东临秀春塘、坝河、塔港之间的三河会合处的三叉漾西，有一座庵堂，名叫“吉祥庵”，传说庵内有一神器——金面盆，引来四方香客的顶礼膜拜。明嘉靖年间，为了方便村民过河，大学士徐阶在此建“吉阳桥”，后来桥毁于清末。随着时代的变迁，当地村民口中的“吉阳桥”演变为语音相近的“吉祥桥”，于是有了“吉祥汇集”之意，三河汇合之地也被称作“吉祥汇”，吉祥桥附近的村落就此被称为“吉祥村”。

二、传统民居略览

1. 仓吉二村146号（图1、图2）

此建筑坐北朝南，面阔三间，砖木结构平房，一正两厢三合院形制，北院墙围成“凹”形三合院。大屋庑殿顶，小青瓦屋面。客堂七路十九豁，厢房五路，东侧拦脚小屋为解放后新建。此宅于2022年底拆除。

仓吉二村146号老宅

仓吉二村146号老宅东侧面

2. 仓吉二村153号徐宅（图3~图5）

此建筑坐北朝南，面阔三间，砖木结构平房，单埭头落厍屋形制，庑殿顶，小青瓦屋面。据房东徐老伯介绍，1960年松江一中师生到城西公社学农，有一小队学生就被安排在徐宅住宿，有学生利用业余时间在留宿的房间墙壁上画里几幅壁画。时间过去了60多年，这些壁画还留在徐家的墙上。徐宅南侧有两间破落小屋，却留下了传统营造工艺“偷梁换柱”中的换柱的实例，以毛竹替换了腐朽的木柱。2022年，此宅被拆除。

3. 仓吉二村423号（图6）

此宅坐北朝南，面阔三间，砖木结构平房，单埭落厍屋形制，庑殿顶，小青瓦屋面。客堂五路，十三豁，有素面羊角穿。2022年，此宅被拆除。

图3 仓吉二村153号徐宅

图4 东次间墙上壁画，题有“松江一中，1960年级2班

图5 壁画

图6 仓吉二村423号

参考文献

[1] 祝纪楠 .《营造法原》诠释 [M]. 北京：中国建筑工业出版社 ,2012.
[2] 褚半农 . 话说绞圈房子 [M]. 上海：上海书店出版社 ,2017.
[3] 吴尧 , 张吉凌 . 苏南乡土民居传统营造技艺 [M]. 北京：中国电力出版社 ,2016.
[4] 钱达 , 雍振华 . 苏州民居营建技术 [M]. 北京：中国建筑工业出版社 ,2014.
[5] 何惠明 , 王健民 . 上海市松江县地方史志 . 松江县志 [M]. 上海：上海人民出版社 ,1991.
[6] 王其钧 . 中国建筑图解词典 [M]. 北京：机械工业出版社 ,2007.
[7] 李剑平 . 中国古建筑名词图解词典 [M]. 太原：山西科学技术出版社 ,2020.
[8] 陈从周 . 陈从周话说古建筑 [M]. 北京：社会科学文献出版社 ,2018.
[9] 田永复 . 中国古建筑知识手册 [M]. 北京：中国建筑工业出版社 ,2013.
[10] 朱亚夫 , 娄承浩 . 上海绞圈房揭秘 [M]. 上海：上海教育出版社 ,2020.
[11] 欧粤 . 松江风俗志 [M]. 上海：上海文艺出版社 ,2007.

后　记

经过多年的努力，终于可以把自己以及本书另一位作者夏逸民老师在松江调查的一些关于乡村传统民居的记录整理成书了。有些人会问，作为一名上海嘉定人，我为何会想到去记录松江的传统民居的？实不相瞒，第一次接触到松江乡村传统民居源于 2018 年初我读到的一篇呼吁保护落库屋文章，当时几乎仅限于“走马观花”嘉定及周边传统民居的我立觉自己是“井底之蛙”，原来在上海的各郊区农村，还零星分布着这种传统的落库屋，这极大地激发了我的兴趣，于是从 2018 年下半年，我开始踏足松江这片未知的领域 …… 随着记录的深入，也很荣幸地遇到了我的好朋友，本书的另一作者——夏逸民老师，土生土长的他，通过骑行的方式，访遍了松江的各个角落，并致力于记录乡村风貌、传统老宅。通过他的努力，我们把记录的松江老宅材料整理成文字与图片，希冀有朝一日能够出一本属于松江乡村传统民居的书籍。功夫不负有心人，通过原松江文化馆副馆长——热心的唐西林老师的鼎力相助，也承蒙松江档案馆的发掘，我们的文字记录得以汇编成书。

希冀这本书能够为广大读者朋友了解到松江现在仍然存在的这些“活化石”——松江乡村传统民居，也希望国家能将一些保存较好，建筑元素齐全的传统民居列入保护。

本书完成之际，我首先要感谢夏逸民老师的提携，他的邀请，我才有机会成为本书的作者之一，同时，我要感谢唐西林老师的帮助、松江档案馆的领导、老师们的支持。在我记录这些乡村传统民居的过程中，离不开我的启蒙老师——交通大学的冯国鄞教授，正是她让我打开了本土传统民居的大门，我还要感谢嘉定古建与民俗协会原会长、嘉定古建筑专家黄振渭老师、闵行本土作家《话说绞圈房子》的作者褚半农老师，他们两位不厌其烦地给我普及传统民居各个构建的称谓，使我从一个古建筑的“门外汉”成为了懂一些“皮毛”的传统民居爱好者。再者，我要感谢那些热爱古建筑的好朋友——胡俊、朱宇翔等，本书中很多传统民居的航拍照都由他们提供，这些照片便于读者从另一个角度去欣赏、了解松江的乡村传统民居。最后，还要感谢陈重阳、魏建坤和夏秀新等几位松江传统本土工匠（木工）给夏逸民老师和我对于松江乡村传统民居营造技艺方面的指导和帮助。

由于本人的水平有限，加之对传统民居也只知道一个大概，书中难免会有一些表述差错和纰漏的地方，希望广大的读者朋友们批评指正！

最后，希望松江的文博、文史、档案工作越办越好，松江的明天越来越美好！

夏筱俊

于嘉定